KB159111

한국의
약용버섯 & 식용버섯

약용버섯 & 식용버섯

1판 1쇄 발행 2014년 06월 30일
1판 5쇄 발행 2022년 03월 02일
엮 은 이 황극남
발 행 인 이범만
발 행 처 **21세기사** (제406-00015호)
경기도 파주시 산남로 72-16 (10882)
Tel. 031-942-7861   Fax. 031-942-7864
E-mail : 21cbook@naver.com
Home-page : www.21cbook.co.kr
ISBN 978-89-8468-539-0

정가 20,000원

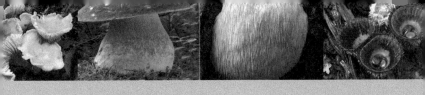

버섯의 채취방법

 버섯은 사계절에 걸쳐 발생하지만, 최적의 발생 시기는 고온 다습한 여름 장마철과 60㎖ 이상의 비가 내린 2~3일후에 가장 많은 버섯이 발생하며, 특히 가을 추석전후 15일 기간에 다양한 종류의 버섯이 발생한다.

 버섯이 발생하는 장소는 공원, 초원, 숲속, 임도, 저지대에서 고지대까지 발생 장소에 따라 종이 다르고, 숲의 종류(침엽수림, 활엽수림, 혼합림, 관목 등)별, 기후별에 따라 버섯 종류가 다르다. 따라서 이러한 발생환경을 고려하여 버섯 을 채집하여야 한다.

 버섯을 채집할 때에는 땅속에 있는 대주머니 또는 대의 뿌리(긴뿌리 버섯, 자갈버섯 등), 또는 땅속에 있는 기주(동충하초의 기생곤충)등 버섯의 일부가 잘리거나 떨어지지 않도록 조심하여 채집한다.

 버섯에 따라서는 1년에 1회 발생하는 버섯(곰보버섯 등)이 있으며, 또한 2회 이상 발생하는 버섯들도 있다. 따라서 같은 장소를 15일 또는 1 개월 간격으로 버섯의 종 다양성과 발생 생태조사를 하는 것이 바람직하다.

 채집 시에 주의하여야 할 사항은 여름철에는 해발이 낮은 지역의 숲에는 모기가 많으므로 긴팔 셔츠와 긴바지를 착용하여야 하며, 독충, 뱀에 대해서는 반듯이 등산화를 신고 숲속에서 빨리 움직이지 말고 서서히 움직이며 뱀이나 벌등의 피해에 주의해야 한다. 또한 여름 장마철에는 우비나 우산을 준비 하고, 혼자 다니지 말고 3명이상으로 구성하여 불의의 사고에 대비하는 것이 좋다.

야생버섯에 대한
정확한 판별 지식을 가지고 있어야
독버섯에 의한 중독사고를 예방할 수 있다

◪ 국내 야생버섯의 발생 및 분포

국내 야생버섯은 1,500여종이 보고 되어 있다. 버섯류는 봄부터 늦은 가을까지
전국 산야 어디에서나 발생하는데, 식용가능버섯은 약 350종이며,
인체에 해로운 독버섯은 90여종이 분포한다.
본 책자에서는 인체에 치명적인 독버섯 3종과 기타 독버섯 48종에 대하여
중독증상별로 버섯류를 구분하여 종별 자실체 사진과 함께 특성을 수록하였다.

◪ 야생 독버섯 중독은 어떻게 예방할 수 있나?

야생 버섯은 식용으로 이용할 때 전문가의 도움을 받아야 한다.
잘못 알려진 독버섯 판별방법을 맹신하지 말아야 한다.

◪ 야생 독버섯 중독사고 모니터링 센터에서는 어떤 일을 하나?

야생 독버섯 중독사고의 원인이 되는 **독버섯의 종명을 확인**하고, 중독환자의 증상 등
각종 관련정보를 수집한다.

자료출처 : 농촌진흥청

◩ 야생 독버섯은 왜 위험한가?

2000년부터 9년간 야생 독버섯을 먹고 123명의 중독 환자가 발생하여 그 중 13명은 사망했다.
농촌진흥청의 독버섯 주의 홍보로 2006년부터 사망자 수는 줄었으나 산을 찾는 등산객의 증가로
도시민들도 독버섯 중독사고에 노출되어 있다.
특히 "아마톡신"성분이 들어 있는 야생 독버섯(독우산광대버섯, 개나리광대버섯)을 먹으면
8~10시간 후에 복통과 구토, 설사를 일으키고, 심하면 급성간부전증과 급성신부전증을 유발하여
간이식을 받지 못하면 사망하는 경우가 많다.

버섯의 이름을 정확하게 알기 위해서는

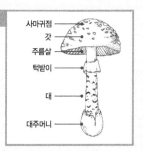

1. **포자문**을 받아 포자의 색을 확인한다.
2. 갓과 대의 색깔과 모양을 확인한다.
3. 갓에서 대까지 잘랐을 때 주름살의 부착상태를 알아야 한다.
4. 주름살이나 **관공**의 색을 확인한다.
5. 상처를 주었을 때 갓과 주름살 및 대조직의 색변화를 확인한다.
6. 조직의 일부를 손으로 비벼서 냄새를 맡아본다.
7. 턱받이(a)와 **대기부**의 대주머니(b) 유무와 형태를 확인한다.

사마귀점
갓
주름살
턱받이
대
대주머니

▷ **포자문** : 버섯포자(씨앗)의 색을 확인하기 위해 포자를 낙하시켜서 나타난 포자의 색
▷ **관 공** : 포자를 형성시키는 기관으로 그물모양의 자실층
▷ **대기부** : 대의 가장 아랫부분

1 2 3

4 5 7a 7b

▶ 독버섯 중독사고는 왜 자주 발생하나?

대부분의 일반사람들은 야생버섯에 대한 정확한 판별 지식이 없고,
식용버섯과 독버섯의 판별 방법이 잘못 알려져 있기 때문이다.

잘못 알고 있는 식용버섯과 독버섯 구별법

식용버섯

· 색깔이 화려하지 않고, 원색이 아닌것

· 세로로 잘 찢어지는 것

· 유액이 있는것

· 대에 띠가 있는 것

· 곤충이나 벌레가 먹는것

· 요리에 넣었을 때 은수저가 변색되지 않는 것

독버섯

· 색깔이 화려하거나 원색인 것

· 세로로 잘 찢어지지 않는 것

· 대에 띠가 없는 것

· 벌레가 먹지 않은 것

· 요리에 넣은 은수저가 변색되는 것

· 가지나 들기름을 넣으면 독성이 없어져

1. 색깔이 화려한 식용버섯(달걀버섯)
2. 대에 띠가 있는 맹독버섯(독우산광대버섯)
3. 벌레가 먹고 있는 독버섯(무당버섯)
4. 유액이 나오는 독버섯(새털젖버섯아재비)

아마톡신 중독을 일으키는 독버섯류(맹독버섯류)

중독증상은 출혈성 위염, 급성 신부전 및 간부전을 초래하고, 많은 양을 먹으면 사망한다.

1 **개나리광대버섯** : 여름부터 가을에 침엽수림 또는 활엽수림의 토양에서 발생한다. 최근 노란달걀버섯으로 잘못알고 먹은 사람들이 중독되어 사망한 맹독버섯이다.

2 **독우산광대버섯** : 어릴 때는 작은 달걀 모양으로 성장하며 백색의 대와 갓이 나타나며 주름살은 흰색을 유지한다. 자실체 전체가 흰색, 대의 표면에는 거친 인편이 있으며, 대의 기부에 막상의 대주머니가 있다. 자실체는 3%의 수산화칼륨(KOH)에 황변한다.

3 **흰알광대버섯** : 독우산광대버섯과 형태적인 특성이 매우 유사하다. 그러나 수산화칼륨(KOH)에 변색되지 않으며 여름에 침엽수와 활엽수림의 토양에 단생.

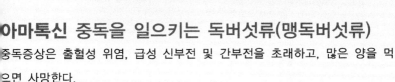

아마톡신 중독을 일으키는 독버섯류

1 큰주머니대광대버섯 : 일본에서는 큰주머니대광대
버섯에 의해 사망사고가 보고된 예가 있다. 그러나 경기
광릉과 수원 지역에서는 주민들이 소량씩 식용하고 있다.
국내에서는 아직까지 중독된 예는 없지만 매우 주의하여
야 한다.

2 양파광대버섯 : 여름~가을에 참나무류, 침엽수림 또는
혼합림의 토양에 단생 또는 산생하는 외생균근균이며,
근에 국내 발생빈도가 높아져서 유의하여야 한다.

아마톡신 중독을 일으키는 독버섯류

1 두건포자에밀종버섯 : 이른 봄부터 가을까지 참나무류의 썩은 부위에 군생 또는 다발로 발생하며, 식용버섯인 무리우산버섯과 팽나무버섯(야생팽이) 등과 외형이 유사하다.

2 절구버섯아재비 : 여름~가을에 활엽수림 내 지상에서 단생, 소수 군생하며 공생균이다.

3 갈잎에밀종버섯 : 여름~가을에 침엽수림 또는 활엽수림 내 이끼 사이에 군생–산생으로 발생한다.

4 밤색갓버섯 : 여름에 부식질이 많은 토양에 단생하며 포자는 흰색이다.

5 턱받이종버섯 : 초여름에 부식질이 많은 토양에 군생하며, 종버섯 중에서 턱받이를 가지는 독특한 특성이 있다.

중추신경독성 이 있는 버섯류 :
모노메틸 하이드라진 중독증

유럽인들이 즐겨먹기 때문에 동유럽에서 중독사고를 일으키는 버섯이다.
중독증상은 2~12시간(대체로 6~8시간)의 잠복기 후에 피로감, 현기증,
두통, 구역, 구토, 복부팽만감, 복통 등의 위장관 증세와 실신, 근육실조,
발열 등이 나타나며 간혹 설사가 나타나기도 한다.

1 마귀곰보버섯 : 초봄에 부식토에서 발생하며 최근 국내에서 자주 발견되므로
주의를 요하는 버섯이다.

2 곰보버섯류 : 식용버섯으로 알려져 있으나 많은 양을 먹거나 생식하면 중독되는
예가 있으므로 주의하야야 한다.

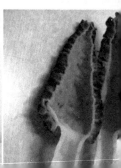

코르린 독성이 있는 버섯류

중독증상은 섭취 후 30분 부터 5일 이내에 언제든지 술이나 알콜이 함유된 음료수를 섭취하면 30분내지 1시간 이내에 구토와 두통을 일으키나 알콜을 섭취하지 않으면 증상은 나타나지 않는다. 그 이유는 버섯이 함유하고 있는 코프린(coprine)성분이 간에서 알콜대사에 관여하는 효소작용을 차단하기 때문이다. 따라서 증상은 체내에 아세트알데히드가 축적되어 나타나는데 얼굴과 목에 홍조가 나타나고 금속성 맛을 느끼며 가슴이 뛰고, 사지가 저린증세와 박동성 두통, 구토 등이 나타난다. 대부분 예후가 좋으며 부정맥에 대해서는 치료를 요할 수 있다.

두엄먹물버섯 : 공원, 정원, 도로변의 유기질이 풍부하거나 퇴비더미에서 흔하게 발생한다. 갓은 회색−회갈색을 띠며, 방사상으로 잔주름 또는 홈선이 생기고, 주름살은 초기에는 회백색이나 성장하면 자흑색으로 되며, 갓의 끝부위부터 액화현상이 일어난다.

무스카린 독성이 있는 버섯류

피엘스엘 증후군(perspiration, salivation, lacrimation)을 초래하는 버섯들로 상당량의 무스카린(muscarine)을 내포하고 있어 섭취 후 30분 내지 2시간 이내에 피엘스엘 증후군 이외에도 동공축소, 근육경련, 설사, 서맥증, 저혈압 및 심정지를 초래할 수 있다.

1 삿갓땀버섯

2 바늘땀버섯

3 솔땀버섯

4 하얀땀버섯

5 비듬땀버섯

이보테닌산–무시몰 독성이 있는 버섯류

증독증상은 근육경련과 현기증에 뒤이어 2시간 가량 지속되는 멋진 여행을 가는 기분과 행복한 꿈을 꾸는 수면에 든다고 알려져 있다. 중추신경계에 영향을 미치는 성분을 내포하고 있어 여러 민족이나 종족들에 의해 오래 전부터 주술적인 용도로 이용되어 왔다.

1 **마귀광대버섯** : 여름~가을에 주로 침엽수림, 활엽수림 또는 혼합림 내 지상에 군생 또는 단생하는 균근형성균이다. 식용버섯인 붉은점박이광대버섯과 유사하므로 주의해야 한다.

2 **파리버섯** : 국내에서 살충제가 나오기 전 파리버섯을 따다가 밥에 비벼 놓으면 파리가 이것을 빨아먹고 죽었다. 전 세계에서 유일하게 한국에서만 파리버섯을 이용하여 파리를 잡는데 사용하여 왔다.

환각을 일으키는 버섯류(Psilocybin, psilocin)

20세기에 들어와서 비로소 학계에 알려진 버섯들이다.

고대 멕시코의 아즈텍인들이 종교적이거나 주술적인 용도로 사용했으며 중독환자의 표현에 의하면 섭취 후 심한 복통과 구토에 뒤이어 환각 현상이 약 4~5시간 지속되다가 이후 깊은 잠에 빠진다고 한다. 유효용량은 psilocybin 4~8㎎인데 이는 말린버섯 약 2㎎에 들어 있는 양이므로 주의해야되는 버섯 중의 하나이다.

1 **갈황미치광이버섯** : 여름~가을에 주로 부후목 그루터기에 발생한다.

2 **환각버섯류** : 여름에 소나 말의 똥 위에 발생하는 소형의 버섯으로 다발성이다.

3 **검은쓴맛그물버섯** : 여름에 혼합림내 지상에 단생하는 버섯으로 식용버섯인 흰굴뚝버섯과 유사하여 중독사고를 많이 일으키는 버섯이다.

4 **말똥버섯류** : 봄부터 가을까지 소나 말의 똥 위, 퇴비더미에 발생한다.

5 **청버섯류** : 최근에 발견된 국내 미기록버섯으로 퇴비에서 발생하며 대기부가 청변한다.

소화관 자극독소를 함유한 버섯류

위장관 자극독소의 대부분은 대개 3~4시간 후에는 자연히 호전되며 하루 정도면 완전히 회복한다. 하지만 많은 양을 먹을 경우에는 위험하다. 국내에서는 위와 같은 버섯에 의한 중독사고가 흔하게 발생한다.

1 볼록포자갓버섯

2 삿갓외대버섯

3 흰꼭지외대버섯

4 화경버섯(밤에는 인광)

5 비늘버섯부치

6 붉은싸리버섯

기타 증독증상을 일으키는 야생버섯

뽕나무버섯부치

검은비늘버섯

뽕나무버섯부치와 검은비늘버섯은 식용이 가능한 것으로 알려져 있으나 많은 양을 먹으면 위와 장에 영향을 주어 복통을 일으키기도 한다.

노란다발

후추젖버섯

노란다발의 중독증상은 통증, 메스꺼움, 구토 등으로 나타나며, 후추젖버섯의 유액은 혀가 잘린듯한 통증이 난다.

처녀송이

흙무당버섯

처녀송이의 증독증상은 메스꺼움, 구토, 복통이며 흙무당버섯은 중독사고를 일으킨 예가 있다.

황금싸리버섯

잿빛깔대기버섯

황금싸리버섯과 잿빛깔대기버섯은 생식하거나 바로 요리해서 먹으면 복통이나 설사를 일으키나 삶은 다음 이틀 정도 물에 담가두었다가 먹으면 증독증상을 일으키지 않는다.

사슴뿔버섯

고동색우산버섯

사슴뿔버섯은 최근에 독버섯으로 알려졌으며 독증상은 아직 명확하지 않으며 고동색우산버섯은 용혈독소가 있는 것으로 알려져 있다.

자료출처 : 농촌진흥청

독버섯 중독사고 발생시 **대처방법**

독버섯 중독 사고 발생	▶▶	의료기관 방문 및 응급조치	▶▶	중독원인 독버섯 구명 및 치료

야생 독버섯 중독 환자가 발생하면 어떻게 대처하나?

1. 119에 긴급 전화하여 환자 발생과 위치를 알린다.
2. 구급차가 올 때까지 환자의 의식은 있으나 경련이 없다면 물을 마시고 토하게 한다.
3. 먹고 남은 버섯을 비닐봉지에 담는다.
4. 버섯을 소지하고 환자를 의료기관에 이송한다.
5. 의사에게 버섯을 전달하여 진단 및 치료에 도움이 되게 한다.

중독증상이 2시간 이내에만 나타나고, 이후에는 나타나지 않을 경우
2~3일 이내에 대부분 자연치유가 된다.

중독증상이 8시간 이후에 다시 나타날 경우
매우 심각하고, 인체에 치명적이다.

독버섯 중독사고 발생시 바로 의료기관에 가서 치료를 받아야 하며,
일반적인 경험에 의한 치료는 삼가한다.

버섯 보관방법

버섯에 있는 벌레의 제거

버섯에는 여러 가지 벌레가 들어있다. 버섯의 주름살이나 관공에 파고들어 포자를 먹는다. 소량의 버섯일 경우는 드라이어기로 열을 가하면 버섯으로부터 벌레가 나온다. 대량의 경우는 진한 소금물을 적셔 가끔 뒤집어 주면 벌레가 나온다.

버섯의 쓴맛, 매운맛 제거방법

무당버섯류의 버섯은 매운맛을 지니고 있는데 버섯을 얇게 썰어 하룻밤 흐르는 물에 씻으면 매운맛은 대부분 제거된다. 그후 삶아 염장하던지 식초에 담구어 보관을 하면 매운맛이 없어진다. 쓴맛도 같은 방법으로 제거한다.

버섯의 처리와 보관

1. 건조

주름살을 위쪽으로 하여 말려서 보관한다.

예) 표고, 목이, 느타리, 꾀꼬리버섯, 뽕나무버섯, 땅찌만가닥버섯

2. 염장

옛날부터 시행해 온 보존방법으로 대량으로 채집한 버섯은 이렇게 하여 오래 두고 먹을 수 있다.

염장하는 법과 데치는법

1. 생으로 절이는 방법

① 버섯에 붙어있는 불순물을 제거하고 염수에 담그어 벌레를 제거한다.

② 물기가 없는 용기에 버섯과 소금을 켜켜이 넣고 맨위에 소금으로 덮어주고 그 위에 무거운 돌을 올려놓는다. 버섯에서 물이 나오면, 무거운 돌을 가벼운 접시로 바꾸고, 뚜껑을 덮어 밀봉한다. 물이 나오지 않으면 물을 부어 접시가 소금물에 잠기도록 한다. 이 방법은 색이 선명하고, 향기도 보존할 수 있지만 주름살이나 관공이 떨어져 나가는 단점이 있다.

2. 데치어 절이는 방법

① 채집한 버섯의 끝부분, 티끌 등을 제거한 후, 염수에 적시어 벌레를 제거한다.

② 냄비에 물을 넣어 끓인다.

③ 끓는 물에 정리한 버섯을 넣어 데친다. 버섯이 눌러붙지 않게 잘 저어준다.

④ 버섯이 충분히 데쳐지면 불을 끄고 그대로 잘 식힌다.

⑤ 용기에 데쳐진 버섯을 한켜 깔고 그위에 소금을 뿌려준다. 이와같은 방법으로 모두 담고 맨위쪽에 소금으로 충분히 덮어준다. 그위에 감잎이나 대나무잎 등을 올리고 버섯이 뜨지 않도록 무거운 돌을 올려 놓는다. 이렇게 하는 것은 소금물의 표면에 곰팡이가 피어도 버섯에 직접 묻지 않도록 하기 위해서 이다. 곰팡이가 묻으면 버섯에서 곰팡이냄새가 난다. 이 방법은 형태가 유지되며 씹히는 맛을 살릴수 있으나 색이 나빠지고 맛과 향기가 떨어진다.

⑥ 조리시 물에 담그어 소금기를 충분히 제거한후 요리한다.

3. 증탕 보관

깨끗이 손질하여 끓인 버섯을 국물과 함께 병에 넣어 마개를 살짝만 닫아서 물속에서 30분정도 끓인 후 마개를 완전히 닫아 10분정도 더 끓인다.

4. 식초보관

  깨끗이 손질하여 끓인 버섯에서 물기를 제거한 후 병에 넣고
소금을 넣은 식초를 버섯이 잠길 정도로 넣어 밀봉한후 냉장보
관한다.

5. 냉동

 생으로 냉동하거나 살짝 데치어 깨끗이 씻어 비닐팩등에 먹을
만큼만 넣어 냉동한다.

예) 송이버섯, 땅찌만가닥버섯

차례

차례

약용
버섯

갯어리알버섯

발생시기 : 여름부터 가을

발생장소 : 바닷가의 모래땅에 무리지어 난다.

순하고 맵다.

지혈작용(식도, 위출혈), 종양

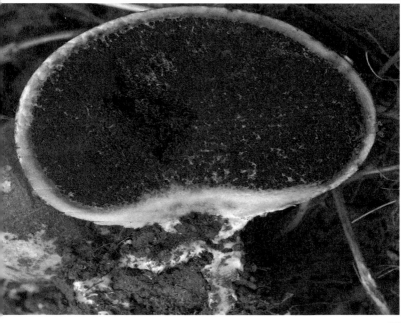

굴털이버섯

발생시기 : 여름부터 가을

발생장소 : 혼합림내에서 무리지어 난다.

성질과맛

따뜻하고 맵다.

효 능

요퇴부동통, 수족마비

40

41

그물버섯

발생시기 : 여름부터 가을

발생장소 : 혼합림내에서 무리지어 난다.

따뜻하고 담백하다.

백대하증, 불임증, 요통

43

기와버섯

생 육

발생시기 : 여름부터 가을

발생장소 : 활엽수림내에 무리지어 난다.

성질과맛

따뜻하고 약간 달다.

효 능

약시, 해열

44

꾀꼬리버섯

생 육

발생시기 : 여름부터 가을

발생장소 : 혼합림내에 무리지어 나거나 흩어져서 난다.

성질과맛

차고 달다.

효 능

안질, 야맹증

47

노란대겨울우산버섯

발생시기 : 봄부터 가을

발생장소 : 활엽수의 낙지에 군생하는 목재백색부후균 이다.

순하고 달다.

요통, 수족마비

48

49

노루궁뎅이버섯

발생시기 : 가을

발생장소 : 떡갈나무, 너도밤나무 등 활엽수의 생목의 상처부위, 고목 또는 잘린 부위에 단생한다.

순하고 달다.

신경쇠약, 강정, 위궤양, 위염, 소화불량

50

느타리버섯

발생시기 : 봄에서 늦가을까지

발생장소 : 침엽수, 활엽수의 고목, 잘린 나무, 그루터기에서 발생한다.

성질과맛

따뜻하고 달다.

효 능

요통, 수족마비, 강장, 이질

52

53

능이(향)버섯

발생시기 : 여름부터 가을

발생장소 : 활엽수림의 땅에 열을 지어 군생한다.

성질과맛

순하고 달다.

효 능

식체(육체肉滯), 기관지천식, 콜레스테롤 감소

54

55

두엄먹물버섯

발생시기 : 봄부터 가을

발생장소 : 정원이나 밭에 군생하거나 속생하는 부생균이다.

순하고 달다.

소화, 건위, 해독, 종양, 거담, 종기

※ 술과 함께 먹으면 중독 되므로 절대 같이 먹으면 안된다.

56

말굽버섯

생 육

발생시기 : 봄부터 가을

발생장소 : 자작나무, 오리나무, 단풍나무 등의 활엽수의 고목 또는 생목
에 발생하여 여러해 동안 자란다.

성질과맛
달고 약간 쓰다.

효 능
이뇨, 해수, 위산과다. 요로결석, 후두염, 항암, 독사물린데

말굽잔나비버섯

발생시기 : 봄부터 가을

발생장소 : 침엽수의 고목에 발생하는 다년생 목재갈색부후균 이다.

성질과맛

따뜻하고 쓰다

효 능

건위, 폐결핵, 천식, 독사물린데

61

말똥진흙버섯

발생시기 : 1년내내(다년생)

발생장소 : 활엽수(자작나무, 버드나무, 백양나무 등)의 생목과 고목의 몸통

성질과맛

순하고 약간 쓰다.

효 능

탈홍, 혈변, 백대하, 월경불순

63

말뚝버섯

생 육

발생시기 : 여름부터 가을

발생장소 : 산림, 정원, 길가, 대나무 숲에서 발생한다.

성질과맛

따뜻하고 달다.

효 능

해독, 종양, 풍습병, 류마티즘

64

말불버섯

생 육

발생시기 : 여름부터 가을

발생장소 : 각종 숲이나 도로변 땅에 군생한다.

성질과맛
순하고 맵다.

효 능
인후통, 토혈, 편도선염, 지혈, 종창, 해수

말징버섯

생 육

발생시기 : 여름부터 가을(특히 장마철)

발생장소 : 혼합림내 지상에 유기물이나 낙엽이 많이 쌓인곳에 군생한다.

성질과맛
순하고 맵다.

효 능
항암, 항균작용, 부종, 만성편도선염, 후두염, 폐를 맑게 해준다.

망태버섯

발생시기 : 장마철부터 가을(동이틀 무렵 나왔다가 오후에는 녹아 버린
다.)

발생장소 : 활엽수림, 주로 오래된 대나무 숲(맹종죽이나 왕대나무 밑)

순하고 약간 쓰다.

각기병, 혈압 강하, 콜레스테롤 저하, 지방질 감소

70

매미동충하초

생 육

발생시기 : 여름

발생장소 : 매미의 죽은 성충에 1개의 자실체가 나온다.

성질과맛

차고 달다.

효 능

해독, 항종양, 혈당강하작용, 인후종양, 해수, 간질, 학질, 거담, 요슬통

먹물버섯

생 육

발생시기 : 봄에서 가을

발생장소 : 잔디밭, 정원, 부식질이 많은 땅위에서 발생한다.

성질과맛

따뜻하고 달다.

효 능

소화, 건위

먼지버섯

생 육

발생시기 : 봄에서 가을

발생장소 : 숲속, 길가의 비탈진 도로등에 발생한다.

성질과맛

순하고 맵다.

효 능

지혈작용, 동상

76

모래밭버섯

생 육

발생시기 : 봄부터 가을

발생장소 : 소나무 숲, 잡목림, 길가의 땅위에 발생한다.

성질과맛

순하고 맵다.

효 능

지혈(식도, 위출혈), 종양

79

목도리방귀버섯

생 육

발생시기 : 가을

발생장소 : 낙엽이 많이 깔린 땅위에 무리지어 발생한다.

성질과맛

순하고 맵다.

효 능

해독, 지혈(코, 위, 식도), 편도선염

81

목이버섯

발생시기 : 봄부터 가을

발생장소 : 활엽수의 고목 또는 마른가지에 군생한다.

순하고 달다.

요퇴부동통, 치질, 치통, 지혈, 자궁출혈

목질진흙버섯(상황버섯)

생 육

발생시기 : 1년내내

발생장소 : 활엽수 나무의 몸통이나 고목등에 발생한다.

성질과맛

순하고 약간 쓰다.

효 능

항암, 백대하, 월경불순, 자궁출혈, 위염, 소화불량

84

민자주방망이버섯

생육

발생시기 : 가을부터 초겨울

발생장소 : 정원, 잡목림 내 땅위에 군생한다.

성질과맛

순하고 달다.

효능

각기병, 신경통, 체질개선, 간장질환예방, 콜레스테롤 수치 저하

※ 생식하면 독이된다. 꼭 익혀서 먹어야 한다.

밤버섯

생 육

발생시기 : 가을

발생장소 : 밤나무, 졸참나무 등의 활엽 교목의 썩은 밑동에서 발생한다.

성질과맛
순하고 달다.

효 능
해열, 신경안정(초조불안)

복 령

생 육

발생시기 : 1년내내

발생장소 : 벌목한지 3~4년 된 소나무 등의 나무 뿌리에 발생한다.(복령
채취방법 참조)

성질과맛

순하고 달다.

효 능

이뇨, 부종, 해수, 불면증, 건망증, 위염

90

부채버섯

발생시기 : 여름부터 가을

발생장소 : 활엽수의 고목에서 군생한다.

따뜻하고 맵다.

지혈, 해독작용

붉은말뚝버섯

발생시기 : 늦은 봄부터 여름

발생장소 : 숲속, 밭, 활엽수의 그루터기등에 군생 또는 산생한다.

따뜻하고 달다.

담, 진통, 풍습통, 종기

붉은무당버섯

생 육

발생시기 : 여름부터 가을

발생장소 : 활엽수, 침엽수림내 땅에 단생 또는 군생한다.

성질과맛

순하고 약간 달다.

효 능

요통, 수족마비

비단그물버섯

생 육

발생시기 : 여름부터 가을

발생장소 : 소나무 숲의 땅에 군생한다.

성질과맛
따뜻하고 달다.

효 능
골절, 항암작용

뽕나무버섯

발생시기 : 여름부터 가을

발생장소 : 침엽수, 활엽수의 생나무 밑동, 그루터기, 죽은가지등에 발생
한다.

차고 달다.

요퇴부동통, 구루병, 간질, 야맹증, 중이염

100

뽕나무부치버섯

생육

발생시기 : 여름부터 가을

발생장소 : 활엽수의 그루터기나 죽은 나무 줄기, 살아 있는 밑둥에서 발생한다.

성질과맛

차고 달다.

효능

담낭염, 간염, 맹장염, 중이염

산호침버섯

발생시기 : 여름부터 가을

발생장소 : 침엽수의 고목, 그루터기, 줄기위에 발생한다.

성질과맛

순하고 달다.

효 능

소화불량, 신경쇠약, 위궤양

104

석이버섯

생 육

발생시기 : 1년내내

발생장소 : 깊은 산의 바위에 발생한다.

성질과맛

순하고 달다.

효 능

치루, 야맹증, 건위, 해열, 지사, 시력장애, 미용, 항암작용

106

선녀낙엽버섯

발생시기 : 봄부터 가을

발생장소 : 잔디밭이나 풀밭에서 발생한다.

따뜻하고 약간 달다.

요퇴부동통, 수족마비, 피부미용, 항종양, 항균작용

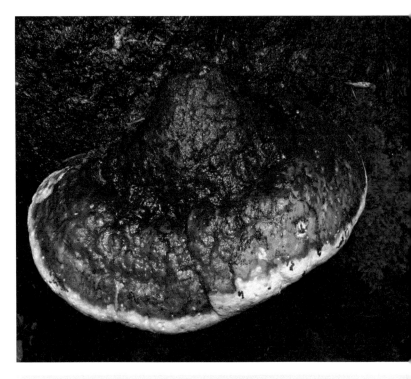

소나무상황버섯

생육

발생시기 : 1년내내

발생장소 : 침엽수의 생목 또는 고목에 발생하며 다년생이다.

성질과맛

순하고 약간 쓰다.

효능

무릎관절염, 항암작용(췌장암, 폐암), 당뇨병, 혈압강하, 콜레스트롤 배출, 해열작용, 고지혈증, 심장병

송이버섯

발생시기 : 9월에서 10월

발생장소 : 20년~60년생 소나무숲의 양지 바르고 바람이 잘통하며 물기
가 잘빠지는 흙에서 발생한다.

성질과맛
순하고 달다.

효 능
이뇨, 강정, 진통, 건위, 다이어트, 심장병, 고혈압

112

신령버섯(아가리쿠스)

발생시기 : 여름부터 가을

발생장소 : 숲속의 땅위나 퇴비더미에서 발생한다.

순하고 약간 쓰다.

항암작용(자궁경부암), 콜레스테롤 배출. 항혈전효과

114

애기말불버섯

생육

발생시기 : 여름부터 가을

발생장소 : 숲속 땅위에 발생한다.

성질과맛

순하고 맵다.

효능

해독, 지혈(식도, 위, 코), 편도선염

116

애기무당버섯

발생시기 : 여름부터 가을

발생장소 : 혼합림내 땅위에 발생한다.

성질과맛

따뜻하고 담백하다.

효 능

요통, 수족마비

118

119

양송이버섯

발생시기 : 여름부터 가을

발생장소 : 잔디밭, 퇴비더미 주변에서 발생하며 단생하거나 다발로 발생한다.

성질과맛
순하고 달다.

효　능
소화불량, 고혈압, 빈혈, 당뇨병, 다이어트

120

121

양파어리알버섯

발생시기 : 여름부터 가을

발생장소 : 숲속의 나무밑의 땅에 군생한다.

성질과맛

순하고 맵다.

효 능

지혈작용

123

영지(불로초)

생 육

발생시기 : 여름부터 가을

발생장소 : 침엽수, 활엽수의 고목, 산간의 고목이 있는 습지에 발생한다

성질과맛

따뜻하고 달다.

효 능

해수, 기관지염, 간염, 고혈압, 소화불량, 관절염, 항알레르기

운지버섯(구름버섯)

발생시기 : 여름부터 가을

발생장소 : 침엽수나 활엽수의 고목에서 발생한다.

성질과맛

순하고 약간 쓰다.

효 능

항암작용(간암), 거습, 화담, B형 간염, 지연성 간염, 만성 활동성 간염

126

127

잔나비걸상버섯(덕다리)

발생시기 : 여름부터 가을

발생장소 : 활엽수의 생나무나 고목에 발생한다.

순하고 쓰다.

고혈압, 항염증, 항암(특히 식도암에 좋다)

잣버섯

발생시기 : 초여름 부터 가을

발생장소 : 침엽수 특히 소나무 고사목 또는 그루터기에서 발생한다.

성질과맛

순하고 달다.

효 능

면역력증대, 체질개선

130

131

저령버섯

발생시기 : 가을

발생장소 : 활엽수림내의 특히 오리나무, 참나무, 단풍나무나 떡갈나무 등의 산뿌리에 발생한다.

성질과맛

순하고 달며 담백하다.

효 능

해열, 이뇨, 건위정장, 소갈증, 수두, 항종양, 급성요도염

132

133

절구버섯

생 육

발생시기 : 여름부터 가을

발생장소 : 침엽수림, 활엽수림내 지상에 군생 또는 산생한다.

성질과맛
따뜻하고 약간 달다.

효 능
요통, 수족마비

※ 독버섯인 절구버섯아재비와 구분이 쉽지 않으므로 먹지않는것이 좋다

135

젖비단그물버섯

생육

발생시기 : 여름부터 가을

발생장소 : 소나무 숲의 땅에 군생한다.

성질과맛

순하고 달다.

효능

골절, 항암작용

조개껍질버섯

생육

발생시기 : 1년내내

발생장소 : 침엽수나 활엽수의 썩은 나무에 발생한다.

성질과맛
따뜻하고 담백하다.

효능

요통, 수족마비, 항균작용, 항암작용, 풍습성 관절염

※ 독이있으므로 생식하면 안된다.

138

조개버섯

발생시기 : 여름부터 가을

발생장소 : 침엽수의 부후목에 발생한다.

성질과맛
따뜻하고 달다.

효 능
지혈, 현기증, 탈홍, 혈변, 대하, 월경불순, 산후혈응

140

141

주름버섯

발생시기 : 봄부터 가을

발생장소 : 비옥한 초지나 잔디밭에 발생한다.

성질과맛

차고 달다.

효 능

각기병, 식욕부진, 빈혈, 지사

142

143

주름찻잔버섯

발생시기 : 여름부터 가을

발생장소 : 유기물이 많은 지상이나 썩은 나뭇가지 등에 발생한다.

따뜻하고 약간 쓰다.

소화불량, 위통, 항균, 항진균, 곰팡이

144

찔레상황버섯

생육

발생시기 : 여름부터 가을

발생장소 : 주로 오래된 찔레나무 밑둥치에 발생한다.

성질과맛

차갑고 맛은 평이하다.

효능

해독, 종양, 어린이 간질, 경기, 기침, 위암, 간암, 폐암, 대장암

146

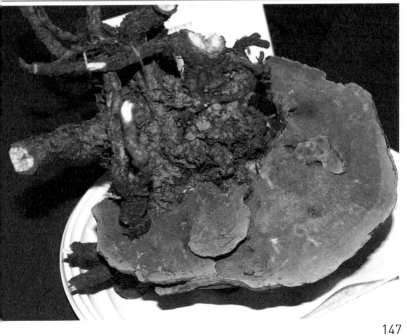

차가버섯

생육

발생시기 : 1년내내

발생장소 : 자작나무 등 활엽수의 생목이나 고사목에 발생한다.

성질과맛

따뜻하고 약간 쓰다.

효능

해독, 종양, 항암작용

148

149

치마버섯

발생시기 : 여름부터 가을

발생장소 : 활엽수, 침엽수의 고목등에 발생한다.

성질과맛

순하고 달다.

효 능

강장, 대하증, 항암작용, 허약체질개선

151

큰말징버섯

발생시기 : 늦여름

발생장소 : 젖은 부식토나 흙에서 자란다.

순하고 맵다.

지혈, 해독작용, 만성편도선염, 후두염

털목이버섯

발생시기 : 늦봄부터 가을

발생장소 : 활엽수의 죽은 나무 또는 썩은 나뭇가지에 무리지어 발생한다.

성질과맛

순하고 달다.

효 능

해수, 각혈, 폐결핵, 지혈, 치통, 산후허약

154

155

테두리방귀버섯

발생시기 : 여름부터 가을

발생장소 : 낙엽이 많은 부식질의 혼합림에 군생한다.

성질과맛
순하고 맵다.

효 능
동상, 해열, 지혈(코피), 실어증, 인후염

팽나무(팽이)버섯

발생시기 : 늦은 가을에서 이른 봄까지(10월~3월)

발생장소 : 감나무, 팽나무, 버드나무, 뽕나무, 아카시아 등 각종 활엽수의 고목이나 그루터기에 발생한다.

차고 약간 쓰다.

항암작용, 건위, 위궤양

표고버섯

발생시기 : 봄과 가을(2회)

발생장소 : 참나무류, 조람나무, 너도밤나무 등의 고사목 또는 그루터기
에 발생한다.

성질과맛

따뜻하고 달다.

효 능

해독, 종양, 동맥경화, 심장병, 고혈압, 식도암, 허약체질 개선

160

161

풀버섯

발생시기 : 봄부터 가을

발생장소 : 여름철의 고온다습한 시기에 퇴비더미 또는 톱밥 주변에 발생
한다.

성질과맛

차고 달다.

효 능

항암작용, 콜레스테롤 저하, 동맥경화, 뇌경색, 뇌일혈, 심근경색, 빈혈

한입버섯

발생시기 : 1년내내

발생장소 : 침엽수 특히 소나무의 줄기와 가지 생목의 껍질에 무리지어
발생한다.

순하고 약간 쓰다.

기관지천식, 항종양, 순환기장애, 소염

흰목이버섯

발생시기 : 여름부터 가을

발생장소 : 활엽수의 죽은 나무에서 발생한다.

순하고 달다.

강장, 건위, 산후허약, 월경불순, 항암작용, 동맥경화 예방

흰주름버섯

생 육

발생시기 : 여름부터 가을

발생장소 : 활엽수림의 낙엽이 쌓인 곳 또는 대나무밭 등에 발생한다.

성질과맛

따뜻하고 달다.

효 능

요통, 다리통증, 수족마비, 항암작용

채취방법
섭취방법

복령버섯 채취방법

복령채취방법에서는 복령때를 찾는 것이 가장 중요하다. 복령은 복령때를 중심으로 그밑에서 자라므로 복령때를 찾으면 복령을 쉽게 채취할수 있다. 복령때는 5~6년 전쯤 벌목한 소나무 그루터기를 곡괭이로 찍어보면 복령때가 있는지 알 수 있다. 곡괭이로 찍었을때 소나무 그루터기가 벽돌모양으로 쪼개져 나오고 붉은색을 띄면 이것이 복령때인것이다. 복령때가 나타나면 복령 때

복령때의 모습

아랫쪽을 10~40cm 깊이로 꼬챙이를 찔러본다. 찔러보는 간격은 10cm 간격으로 뿌리 주위를 찔러보면 꼬챙이가 끈끈하게 들어가고 꼬챙이에 흰 가루가 묻어 나오는데 그곳에 복령이 있다. 탐침끝이 나무 뿌리나 돌에 닿았을때와 복령에 꽂혔을때의 감각은 확연이 틀리다. 복령위치가 확인되면 다시 제자리에 탐침봉을 꽂고 그밑의 흙을 조심조심 파내려간다.

소나무의 썩은모습

섭취방법

● 불규칙한 생리나 붓기가 있을 경우
하루에 복령을 15~20g 달여 마시
거나 가루를 내어 복용한다.

● 산후조리를 할 때
복령가루와 술밥을 섞어 막걸리처럼 만들어 마시거나 소주에 숙
성시켜 복령주로 마셔도 붓기를 제거하고 산후풍을 예방한다.
과도하게 섭취하면 오히려 악영향을 미치므로 하루에 반 잔 정
도만 마신다.

● 불면증과 가슴 두근거림을 해소할 때
하루 15g 물에 넣어 달여 섭취하거나 음식에 같이 조리하여 섭
취한다.

● 당뇨병을 예방하기 위해 혈당 낮추고자 할때
복령을 택사와 마를 함께 달여 차로 마시면 당뇨병을 예방과 치
료에 좋다.

☞ 복령을 버드나무와 같이 사용하면 극약으로 사망할 수 있으
므로 항상 주의하여 섭취하여야 한다.

복령주

복령주는 강장제로 알려져 있는데 저녁에 마시고 자면 아침까지 온몸이 화끈하게 뜨거워진다고 한다.

만드는 법

① 술밥 한 말에 복령 가루 한 되를 섞어 탁주를 만들어 먹는다.

② 황토밭에서 자란 어린 소나무 뿌리가 동쪽으로 뻗은 것 세 근에 복령 다섯 근을 넣고 독한 술에 담가 6개월 후에 먹는다.

③ 솔가지 다섯 근에 백복령 한 근을 같이 넣어 독한 술에 담거나 탁주에 넣어 발효시켜 먹는다. 복령술은 최소한 6개월 이상 두어야 약효가 나온다.

④ 백복령, 황토밭에서 자란 어린 소나무 뿌리가 동쪽으로 뻗은 것, 천문동, 맥문동, 지골피를 같은 양씩 넣고 재료의 2~3배 분량의 독한 술을 부어 밀봉한 뒤 6개월 이상 두어 술이 완숙되면 먹는다. 1년 이상 두면 더욱 좋다.

복령 수제비

쉽게 허기를 느끼지 않으며, 2~3개월 정도 먹으면 눈이 밝아지고 몸이 가벼운 듯하며 정신도 맑아진다.

만드는 법

밀가루와 복령가루를 5:1로 반죽하여 맑은 된장국에다 만들어 먹는다.

⬤ 메스꺼움이 심하면서 소화가 되지 않을 때

복령, 백출, 후반 각 8g에 반하 16g, 진피 8g, 사인 4g, 생강 6g을 가미하여 복용한다.

⬤ 설사가 그치지 않을때

복령 40g, 목향 20g을 가루내어 소엽과 모과를 같은 양씩 끓인 물로 복용한다.

⬤ 무력증과 현기증이 잘 나며 위에 물이 고여 있는 사람

복령 4g, 계피 3g, 백출 2g, 감로 1g을 함께 끓여 복용한다.

⬤ 소변량이 적고 찔끔거릴때

복령 6g, 작약, 치자 각 3g, 당귀, 황금 각4g을 함께 끓여서 복용한다.

⬤ 소변이 줄고 부종이 생겼을 때

복령피, 초목을 똑같은 양으로 하여 함께 끓여 복용한다.

◉ 임신 중에 소변이 원활치 못하면서 오한이 있고 부종이 있을 때
껍질을 벗긴 적복령, 동규자 각 20g을 가루를 내어 1회 8g씩 복
용한다.

◉ 소변이 너무 잦을때
껍질벗긴 백복령, 산약(껍질 벗긴 것)을 백반물로 씻어 걸러낸
후, 불에 살짝 볶아 같은 양으로 배합하여 가루를 내어 1회 8g씩
미음을 쑨 것으로 복용한다.

◉ 심장과 신장이 함께 허약하여 소변을 참지 못하고 자꾸 지릴 때
적복령, 백복령을 같은 양만큼 가루를 내어 물로 씻은 후, 위에
뜨는 찌꺼기는 버린다. 술을 끓이면서 생지황즙을 짓이겨 조청
처럼 만들어 4g 크기의 알약으로 빚어 1회 1알씩소금을 탄 술로
공복시에 씹어서 복용한다.

◉ 물을 많이 먹는데 소변이 적고 땀을 잘 흘리며 두통에 시달릴 때
복령, 저령, 백출 각 2g, 택사 3g, 계피 1g을 함께 끓여 복용한
다.

◉ 땀은 잘 나오지 않고 혈뇨를 잘 누는 사람

복령, 저령, 골석, 택사 각 3g을 함께 끓인 뒤 아교 3g을 녹여서 복용한다.

◉ 손발이 붓는 증세가 있을때

백출 7.5g, 산앵두나무씨(빻은 것) 6g에 생강을 즙을 내어 함께 넣고 달여서 복용한다.

◉ 가슴이 두근거리고 건망증이 심할때

복령 75g, 인삼, 침향 각 1g을 끓여 식힌 뒤 알약을 만들어 1회 5~7g씩, 1일 2~3회 복용한다.

◉ 우울증이 심하거나 스트레스로 인한 홧증이 심할 때

복령 150g과 향부자 600g을 가루를 내어 꿀로 반죽해 3g 크기의 알약을 만들어 1회 1알씩, 1일 3회 복용한다.

◉ 몸의 상체는 건강한데, 하체가 약하여 생긴 하허 소갈에는

백복령 600g을 가루를 내어 천화분 찐 것으로 0.3g 크기의 알약을 만들어 따뜻한 물과 함께 50알씩 복용한다.

◉ 몽정이 있을 때

백복령 가루 8g씩을 미음으로 복용한다.

◉ 유정, 몽정, 조루증 등이 있을 때

백복령 80g, 사인 40g을 가루내어 소금 8g과 함께 양고기와 삶아 술로 복용한다.

◉ 정액이 저절로 흐르거나 몽정을 할 때

백복령(껍질 벗긴 것) 160g, 저령 18g을 20여 차례 끓도록 한 다음 건져 햇볕에 말려서 저령은 골라내고 가루를 내어 황랍을 넣고 4g 크기의 알약을 만들어 1회 1알씩 공복에 씹어서 그냥 삼킨다.

◉ 기미, 주근깨에는

백복령 가루를 꿀로 반죽해서 밤마다 얼굴에 덮었다 떼면 된다.

◉ 치질이나 치루에는

적복령, 백복령, 물약 각 80g, 파고지 160g을 찧어 술에 담되 봄, 가을에는 3일을 여름에는 2일, 겨울에는 5일 동안을 담근다음 건져서 쪄서 소쿠리에 말린 후 가루내어 술로 반죽해서 0.3g

크기의 알약을 만들어 1회 20알씩 술로 복용하면서 점차 양을 늘려 50일가지 복용하면 된다.

○ 노인의 안정 피로와 초기 백내장

복령, 목단피, 산수유, 택사, 서출 각 2g과 건지황 4g , 계피 1g, 부자 0.3g을 잘게 가루를 낸 후 물로 개어 알약을 만들어 1회 2~3g을 청주와 함께 복용한다.

○ 충치균이 생기기 쉬운 사람

복령, 계지, 황금, 지황, 질경의 다섯 가지 생약으로 만들어 치통과 입 속의 짓무르는 통증에 사용한다.

○ 목이 마르고 땀이 잘 나며 오심, 구토가 있는 증세

복령, 택사 각 3g, 백출, 생강 각 2g, 계피, 감초 각 1g을 함께 넣고 끓여 복용한다.

○ 피부와 근육에 탄력이 없고 구토증이 있는 증세

복령, 인삼, 백출, 반하 각 4g, 진피, 생강, 대추 각 2g, 감초 1g을 함께 끓여 복용한다.

영지버섯 섭취방법

영지버섯은 달여먹는 게 보편적인
섭취 방법이다. 약용으로 달인다
면 전기밥솥이나 약탕기를 이용해
오랜 시간 달이는 것이 좋다. 달
일때 대추나 당귀, 구기자, 오미
자, 복분자 등을 넣어 한 번 달인

후 재탕을 하면 더욱좋다. 차로 마실때에는 감초를 넣어 함께
끓이며 맛도 좋고 영양도 좋다.

섭취방법

● 강장보호(腔腸保護)

영지 3~4g을 달여서 1일 2~3회씩 10일 정도 복용한다. 산약
(산마가루)을 6~8g씩 섞어서 복용하면 효험이 더욱 좋고 냉기
운을 예방해주는 효과가 있다.

● 고혈압(高血壓)

영지 3~4g을 생수에 우려내서 그 물을 1일 2~3회씩 10일 정
도 복용한다. 산마와 함께 복용한면 냉한 기운을 없애준다고

알려져 오고 있다.

◎ 기관지염(氣管支炎)

영지 3~4g을 생수에 담가 우려낸 물을 10회 정도 공복에 복용한다.

◎ 당뇨(糖尿)

영지 3~4g을 달여서 1일 2~3회씩 1개월 정도 복용하면서 반드시 산마가루를 섞어서 복용하도록 한다.

◎ 동맥경화(動脈硬化)

영지 3~4g을 2~3일 생수에 우려내어 1일 2~3회씩 1주일 정도 그 물을 공복에 복용 한다.

◎ 만성기관지염

① 영지액(靈芝液): 박수지(薄樹芝: 영지의 일종)의 발효액을 1회 25~50ml씩 1일 2회 1~3개월 동안 복용한다.

② 영지 팅크: 농도가 20%인 것을 1회 10ml씩 1일 3회 1개월 동안 복용한다(1일 분량은 생약 6g에 해당한다).

③ 영지정(靈芝錠): 1회 1정(함량은 생약 0.5g에 상당한다)씩 1일 3회 복용하고 동시에 자화지정(자화지정: 제비꽃)

37.5g, 측백잎 37.5g, 정력자(정력자: 꽃다지씨) 12g을 1
일 분량으로 해서 만든 복방(복방) 정제를 복용한다.

◯ 무좀
영지을 물에 진하게 우려내서 그물에 4~5회 환부를 담근다.

◯ 불면증(不眠症)
영지 3~4g을 달이거나 물에 우려내어 1일 2~3회씩 4~5일
복용한다.

◯ 신경쇠약(神經衰弱)
영지 3~4g을달여서 1일 2~3회씩 10일 이상 그 물 을 복용한
다.

◯ 어혈(瘀血)
영지 3~4g을 생수에 우려내어 그 물을 1일 2~3회씩 4~5일
복용한다.

◯ 염증(炎症)
영지 3~4g을 달여서 1~2회 복용하면서 그 물로 3~4회 환부
를 닦아준다.

● 진정(鎭靜)

영지 3~4g을 1회분 기준으로 달이거나 생수에 우려내어 그 물을 1일 2~3회씩 4~5일 복용한다.

단, 장복할 경우 영지는 냉하기 때문에 마(산약)가루를 넣어서 복용하는 것이 좋다.

● 진해(鎭咳)

영지 3~4g을 달여서 1일 2~3회씩 1주일 정도 복용한다. 산마(산약)를 같이 복용하면 효험이 더 좋다.

● 출혈(出血)

영지 3~4g을 달이거나 산제로 하여, 1일 2~3회씩 3~4일 복용한다.

◆지나친 복용은 금물

영지버섯을 많이 섭취하면 그 독성으로 어지럼증, 가려움, 설사, 구토 등의 증상이 나타날 수도 있다. 만일 이러한 증상이 계속된다면 우선 복용을 중지한 뒤 섭취량을 줄여가는 것이 좋다. 또 체질적으로도 맞지 않는 경우가 발생하기도 하는데 적당량을 복용했음에도 위와 같은 부작용이 나타난다면, 섭취하지 않는 편이 좋다.

저령버섯 섭취방법

이용 부위는 땅속에서 자라는 균핵으로 땅위에 싹이 없어 발견하기가 매우 어렵다. 저령이 있는 장소는 토양이 비옥하고 흑색을 띠며 투수성이 좋은 곳으로 짐작해서 찾아야 한다. 저령을 캐어낸  후 진흙이나 모래를 제거하고 햇빛에 말려서 건조한다. 저령은 이뇨, 항균, 항종양, 해열, 급성요도염 등의 치료에 좋다.

섭취방법

1일 6～15g씩 탕전하거나 환제, 산제로 복용한다.

한방에서는 소변을 배출시키는 데 효능이 우수한 약재로 방광염 등 비뇨기 계통 질병으로 인한 소변 장애가 있을 때 많이 쓴다. 간염으로 하복부가 부풀고 소변배설이 여의치 못할 때도 좋다. 보해주는 작용이 전혀 없으므로 비만한 사람일지라도 오래 복용하기는 곤란하니 증상이 좋아진 후에는 복용을 중지해야 한다.

운지버섯 섭취방법

운지버섯을 달일 때 다른 약재를
첨가하기도 하나, 운지가 갖고 있
는 효능을 잃지 않게 하려면 다
른 약재의 첨가를 최소량으로 한
다. 일반적으로 버섯은 장기간 복
용해야 큰 효과를 볼 수 있다. 적
당량을 꾸준히 복용하는 것이 좋다. 운지를 약재로 달일 때는
0.5~1리터 정도의 물에 운지갓 10~20개 정도를 사용한다.
운지를 한 번, 두 번, 세 번에 걸쳐서 달여서 우려낸 물을 복용
한다. 만성 간질환 환자가 장기간 다려 먹을 경우 효과가 있다.
운지 버섯은 약용으로 인체 습기제거, 담제거, 폐병치료, 악성
종양치료제, 간장염치료, 간장암치료 간장암 예방및 치료제로
복용되고 있다.

섭취방법

◉ 강장보호(腔腸保護)
운지 6~8g을 1회분 기준으로 달여서 1일 2~3회씩 10일 이상
복용한다.

◉ 고혈압(高血壓)

운지 6~8g을 1회분 기준으로 달여서 1일 2~3회씩 10일 정도 복용한다.

◉ 기관지염(氣管支炎)

운지 6~8g을 1회분 기준으로 달여서 5~6회 복용한다.

◉ 동맥경화(動脈硬化)

운지 6~8g을 1회분 기준으로 달여서 1일 2~3회씩 3~5일 복용한다.

◉ 부종(浮腫)

운지 6~8g을 1회분 기준으로 달여서 1일 2회씩 5~6일 복용한다.

◉ 신경쇠약(神經衰弱)

운지 6~8g을 1회분 기준으로 달여서 1일 2~3회씩 10일 정도 복용한다.

◉ 암(癌)

운지 6~8g을 1회분 기준으로 달여서 1일 2~3회씩 10일 이상

복용한다.(간암, 자궁암).

● 어혈(瘀血)

운지 6~8g을 1회분 기준으로 달여서 1일 2~3회씩 5~6일 복
용한다.

● 진정(鎭靜)

운지 6~8g을 1회분 기준으로 달이거나 산제로 하여 1일 2~3
회씩 5~6일 복용한다.

● 해수(咳嗽)

운지 6~8g을 1회분 기준으로 달이거나 산제로 하여 1일 2~3
회씩 1주일 정도 복용한다.

차가버섯 섭취방법

차가버섯은 자작나무에서 1년내내 잘 자란다. 차가버섯은 겨울에 발견하기가 가장 쉽고 얼어있을때 손도끼등을 이용하면 떼어내기도 싶다. 조직 내부는 황색~황갈색으로 가끔 백색이 섞여 있는  코르크 조직이며 바깥층은 암갈색~흑색으로 매우 단단하고 깊게 갈라진 조직을 가진다. 부서지기 쉬우므로 채취시 주위하여야 한다. 차가버섯은 시베리아에서 수 백년 동안 강장 및 차로 이용되어 왔다. 러시아에서는 베풍긴(Befungin)이라는 약제가 1950년대부터 암 치료에 사용되고 있다.

섭취방법

① 차가버섯은 고온에 약하기 때문에 80도 이상이 되면 유효성분이 파괴되므로 절대로 끓여서 마셔서는 안된다.
② 먼저 겉껍질을 제거한 차가버섯 조각 200g 정도를 준비하고, 500cc의 물을 100℃로 끓여서 60℃정도로 식힌 다음 차가버섯을 5시간 정도 담가 어느 정도 물러질 때까지 기다린다.

③ 버섯이 물러지면 절구통 등을 이용하여 분쇄해서 잘게 부순다.

④ 차가버섯의 분쇄가 끝나면 끓여놓은 60℃의 물을 2리터정도 부어준다.

⑤ 차가버섯은 고온에서 가열하여 끓이는 것이 아니므로 좋은 성분을 잘 우려내기가 쉽지 않기 때문에 48시간동안 60℃에서 우려내야 제대로 약성을 볼 수 있다.

⑥ 48시간동안 우려낸 차가버섯은 산화되기 쉽기 때문에 3~4일 안에 먹는 것이 좋다.

⑦ 이때, 우려낸 차가버섯 물은 200cc 단위로 1일 3회에 걸쳐 총 600cc를 마시는 것이 좋다.

● 차가버섯 술

① 항아리나 병에 차가버섯 가루를 반 정도 채우고, 소주나 보드카로 채워 1~2주일간 놔둔다.

② 1차로 커피 필터 같은 것으로 내려 먹는다. 찌꺼기는 물을 넣고 액이 반이 될 때까지 끓여 1차 추출물에 더하면 좀더 약한 술을 만들 수 있다.

차가버섯보관법

● 차가버섯 우려낸 물

차가버섯 우려낸 물은 3일정도가 지나면 유효 성분이 산화되어 효과가 떨어지고 우려낸 물이 변질되어 시큼한 냄새가 나기 때문에 음용할 수 없다. 3일안에 먹는것이 좋다.

◌ 차가버섯 덩어리
차가버섯을 채취하여 수액을 전달하던 부분을 제거한 후 10cm정도 크기로 조각내어 즉시 건조를 해서 수분을 14% 미만으로 하고 직사광선을 피하여 바람이 잘 드는 곳에 보관하면 2년정도 보관이 가능하다.

◌ 차가버섯 가루
차가버섯 추출분말의 경우 조각과 같은 건조과정을 거쳐 제조하였을 때 는 제조일로부터 3년정도의 보관이 가능하다.

◌ 추출분말
처음 밀봉하여 공기와 접촉하지 않도록 주의해야 한다. 추출분말은 장기간의 유효기간을 가지지만 항상 밀폐용기나 병에 넣어 보관을 해서 공기와 최대한 차단을 하는 것이 좋다. 이때 냉장고에서 상온에 노출되었을 때, 온도차에 의해 결로현상으로 이슬이 맺히게 되는 데, 이슬이 차가버섯에 닿게 되면 좋지 않으므로 직사광선을 피해서 바람이 잘 드는 곳에 보관을 하는 것이 좋다.

신령(아가리쿠스)버섯 섭취방법

아가리쿠스 버섯은 부작용이 없기 때문에 어떤 사람도 사용할 수 있지만, 먹는 사람의 건강상태에 따라서 이용방법이 약간 차이가 난다.

섭취방법

◦ 일반적인 사람과 암환자

① 2~3일마다 10~15g의 건조 아가리쿠스 버섯을 다려서 먹는다.

② 식간(식후 2시간)이나 공복시에 먹는다.

③ 먹고 나면 배변이 좋아지고 때로는 설사가 일어나는 경우도 있다. 이것은 일종의 호전반응이므로 기본적으로 섭취량을 조정할 필요는 없다.

④ 일본 미에대학 이또 박사팀의 실험에 의하면, 암의 경우 계속 7~10일간 지속하여 섭취하고, 5일간 쉬었다가 다시 섭취하면 일정한 혈중농도가 유지되어 효과가 증진된다는 보고도 있다.

◉ 당뇨병(식사제한 있음)

① 2～3일 10～15g을 달여 먹는다.

② 4~5일 후 요당 시험지로 아침 전, 공복시에 검사를 한다.

③ 검사결과 색이 변색하고 있을 경우에는 색이 변하지 않을 때까지 양을 10g씩 늘린다.

④ 색이 변하지 않게 되면 그때의 양을 그대로 계속 복용한다.

⑤ 다음 식사제한을 조금씩 해제한다.

⑥ 식사제한이 완전히 해제되면 아가리쿠스 버섯의 복용량을 점차 줄여간다.

◉ 아가리쿠스 버섯 추출 차 만드는 법

① 냄비에 물1.5리터와 아가리쿠스버섯 10～15g을 넣고 강한 불로 끓여서 물이 1/4로 줄어들게 한다.

② 달인 액을 1일에 2～3회로 나누어서 2～3일 동안 식간(식후 2시간)의 공복시에 마신다.

◉ 고혈압(혈압강하제 사용, 식사제한 있음)

① 2～3일 10～15g을 달여 먹는다.

② 4~5일 후 혈압계로 아침 식사 전에 검사를 한다.

③ 혈압이 떨어지지 않을 경우에는 20～30g으로 혈압이 정상이 될 때까지 양을 늘인다. 혈압이 떨어져서 정상까지 되면 아가리쿠스 버섯의 복용량을 그대로 계속 유지한다.

④ 강하제의 양을 조금씩 줄여간다.

⑤ 강하제 약이 완전히 필요가 없어지면 식사제한도 해제한다.

⑥ 식사제한이 해제가 되면 아가리쿠스 버섯의 복용량도 조금씩 줄인다.

※주 의

* 병상의 정도에 따라 2~3일 20g~30g.
* 아가리쿠스 버섯은 혈압이 지나치게 떨어지는 일은 없다.
* 강하제 사용을 급격히 줄이지 말것.
* 식사제한의 해제는 급격히 하지말것

주의사항

달일 때 철제의 그릇을 사용하면 화학변화가 일어나서 성분이 변하기 쉬우므로 유리그릇이나 법랑을 사용한다. (약탕기) 달인 액은 그대로 방치하지 말고 보온병에 넣어두든가, 아니면 곧 냉동시켜서 보존한다. 아가리쿠스 버섯은 단백질이 많이 들어 있어서 실온에 두면 쉽게 변질될 염려가 있다. 가능한한 하루분씩 만들어서 그날그날 마시도록 하는 것이 좋다. 달인 액을 그날 안에 다 마시지 못할 경우에는 냉동시켜서 보존하는 것이 좋다. 냉장고에 보존하는 경우는 2일 이상이 지나면 변질될 위험성이 있다. 달인 후의 아가리쿠스버섯 찌꺼기는 버리지 말고 찌개나 조림요리 등에 먹는 것이 좋다.

잔나비걸상(덕다리)버섯 섭취방법

잔나비걸상버섯은 불로초 또는 매기생이라 하며 국내에서는 해발1000고지 이상되는 고산에서 자생하는 딱딱한 목질버섯으로 고사한 활엽수에 자생한다. 중국에서는 매기생 영지를 신이 내린 버섯이라 하여 신지라 부르고 있다.

섭취방법

① 버섯 70g을 흐르는 물에 씻은 다음 2~3cm로 잘게 썬다.

② 유리제품 용기나 약탕기를 이용해서 생수2000cc를 부어 센불로 끓인다.

③ 끓기 시작하면 은근한 불로 낮추어 물의 양이 반이 되도록 달인다.

④ 달인 물은 다른 용기에 옮기고 생수 2000cc를 부어 달인다.

⑤ 같은 방법으로 5회 반복하여 달인다.
(총용량 5000cc~6000cc)

⑥ 달인물은 혼합하여 충분히 식힌다음 유리병에 넣어 냉장보관 후 하루 5회 복용한다.

※ 성인 1일 기준은 5~7g이다.

※ 복용할때는 따뜻하게 하여 1일 5회 보통컵(150cc)으로 기상후, 아침, 점심, 저녁, 잠자기 전에 복용한다.

말굽버섯 섭취방법

버섯의 형태가 마치 말의 말굽을 닮
았다고 지어진 이름이다. 말굽버섯
은 추운 혹한(酷寒) 지역의 자작나
무 등 활엽수 나무 몸통 위에서 주
로 자란다. 채취 시기는 여름과 가
을철에 채취하여 햇볕에 말려 약용

으로 사용한다. 말굽버섯의 효능은 어린아이들이 음식을 먹고 체
했을 때(小兒食積), 식도암(食道癌), 위암(胃癌), 자궁암(子宮癌)
등을 들 수 있다.

섭취방법

① 깨끗한 물로 씻은 버섯 100g을 3,000cc의 물에 넣고 끓인다.
② 끓기 시작하면 약한 불로 낮추어 30분 정도 은근히 달인다.
③ 이렇게 달인 물은 다른 용기에 옮겨 담아 놓고, 위의 방법으로
   한 번 더 반복하여 달여서 전체를 혼합한다.
④ 혼합한 말굽버섯 물, 6000cc 를 냉장고에 보관하여 음용한다.
⑤ 식전 30분전에 1회에 한 컵씩 (약 200cc), 일일 3~5회 음용한
   다.
⑥ 아침 공복이나 운동후에 마시면 더욱 좋습니다.
※ 당뇨병 치유에는 월 500g 정도로 하여 약 6개월 복용하면 좋은
   효과를 볼수 있다.

송이버섯 섭취방법

송이균은 소나무의 잔뿌리에 붙어 서 균근(菌根)을 형성하는 공생균 (共生菌)이다. 송이의 포자가 적 당한 환경에서 발아된 후 균사로 생육하며 소나무의 잔뿌리에 착생 한다. 백색 또는 담황색의 산 잔

뿌리가 흑갈색으로 변하면서 균근을 형성하게 된다. 균근은 땅 속에서 방석 모양으로 생육 번식하면서 백색의 뜸(소집단)을 형성하며 고리 모양으로 둥글게 퍼져 나가는데 이것을 균환(菌環)이라고 한다. 균환은 땅속에서 매년 10~15cm씩 밖으로 생장하며,충분히 발육된 균사는 땅속 온도가 5~7일간 19℃ 이하로 지속되면 버섯이 발생하기 시작한다. 이 무렵에는 충분한 수분이 필요하다. 따라서 송이는 주로 가을에 발생하며 6~7월에 약간 발생하기도 한다. 송이의 구아닌산은 혈액의 콜레스테롤을 낮추는 작용이 있어 고혈압 환자나 심장병 환자에게 좋은 성분으로 알려져 있다. 아미노산과 비타민 B2, 다당류 등이 들어 있는데 특히 다당류에 항암물질이 들어있다는 사실이 알려져 있다. 식물성 섬유는 장을 깨끗하게 청소하는 기능이 들어있어 변비해소에도 좋다. 동맥경화나 담석증에도 효과가 있다고 한다. 한방고전 '본초강목'의 기록에 따르면 송이는 소변이 탁한 것을 치료하는데 좋으며 순산의 특효약으로도 쓰인다. 특히 산후 복통이나 스트레스에 시달리는 현대인에게 많

은 과민성 대장염으로 인한 설사를 다스리는 데 좋은 약용식물
로 알려져 있다.
송이버섯은 특히 인후암, 뇌암, 갑상선암, 식도암 같은 윗몸 쪽
의 암에 효과가 높다고 한다.

섭취방법

● 송이회
얇게 썰어서 참기름을 섞은 소금을 살짝 찍어서 먹는다.

● 송이탕
쇠고기로 맑은 장국을 끓여서 저민 송이를 넣고 잠깐 끓여서 먹
는다.

● 송이전골
쇠고기, 조갯살, 실파와 함께 살짝 볶아서 만드는데 각 재료의
담백한 맛이 일품인 음식이다.

● 기타
송이로 음식을 만들때는 짧은 시간 열을 가하고 요리의 마지막
에 넣어야하며, 파와 마늘, 고추 등 자극적인 양념을 되도록 적
게 써 송이의 향기와 질감을 최대한 살리는 것이 중요하다. 또
조리하기전 미리 물에 씻어 놓으면 물러지므로 요리하기 바로
전에 씻어서 사용한다.

동충하초 섭취방법

중국 진시황제와 양귀비가 애용
했다고 전해진다. 보통 버섯들과
는 달리 곤충의 영양분을 먹고 자
라 겨울엔 죽은 곤충의 몸에 기생
하지만 여름이 되면 버섯으로 피
어나는 별난 버섯이다.

섭취방법

○ 달여서 먹는법
① 물 1리터에 동충하초 20g과 대추 30g을 넣고 끓여서 물이
   반정도 될때까지 달인후에 또다시 물 1리터를 넣어 반이
   될때까지 달인다.
② 달인 물을 섞어서 냉장보관하고 하루 2번 정도 복용하는데
   한번 복용시 50㎖ 정도 섭취한다.
○ 가루로 먹는법
① 동충하초를 믹서기로 곱게 갈은다.
② 갈아진 동충하초 가루 2g을 하루 2번정도 요구르트나 우유
   와 함께 타서 복용한다.

큰말징버섯 섭취방법

햇볕에 말린 후 저장해 두거나는 말린 후 의피부분은 벗겨내고 병 안에 저장한다. 부기를 없애고 지 혈작용이 있으며, 폐를 맑게 하고 목에 좋으며 해독작용을 한다.

섭취방법

◉ 만성편도선염

큰말징버섯 3g, 산수유 9g, 감초 6g을 물에 끓여서 1일 2회 복용한다.

◉ 후두염

큰말징버섯, 유산나트륨 각 3g을 물에 끓인 후, 설탕을 가미시 켜 1일 2회 복용한다.

◉ 외상출혈, 종기, 동상으로 인해 진물이나 고름이 흐를 때

큰말징버섯 가루를 만들어 상처가 난 곳에 바른다.

◉ 식도 및 위출혈시

큰말징버섯 6g을 물에 끓인 후, 설탕을 가미시켜 1일 2회 복용한다.

◉ 기침감기

큰말징버섯 6g과 감초 3g을 함께 물에 끓여서 1일 2회 복용한다.

흰목이버섯 섭취방법

중국에서는 최고의 버섯으로 취급하는데 폐질환이나 고혈압, 감기 예방에 특효일 뿐만 아니라 피부미용 효과가 크다고 하여 불로장생을 하는 영약으로 알려져 있다.

섭취방법

◉ 인두염증, 종양
흰목이 75g에 설탕과 물을 넣고 흐물흐물 해질때까지 고아서 풀처럼 되면 매일 5~7회 작은 스푼으로 녹여서 섭취한다.

◉ 치질
목이 30g에 설탕 60g을 잘 달여서 먹는다.

◉ 빈혈
목이 60g을 조금 볶고 1컵의 물로 달여서 먹는다.

◉ 불임증

흰목이버섯 60g을 약간 볶아서 1컵의 물로 잘 달여 마신다.

◉ 산전, 산후이상

흰목이 30g을 볶아서 태우고 분말로 해서 따뜻한 물로 마시면 유산을 방지한다. 부인 계통의 병에 잘 듣는다.

◉ 성인병예방

흰목이 60g을 조금 볶아서 1컵의 물로 달여서 마신다.

식용버섯

001

가루낭피버섯

Cystodermella granulosa (Batsch) Harmaja

[분류]
주름버섯목 주름버섯과 주름버섯속

[발생시기 및 장소]
여름부터 가을에걸체 삼림내에 홀로 또는 무리지어 발생한
다.

[특징]
자실체형태는 원추형에서 중앙볼록편평형으로 전개한다.
크기는 직경 2~5cm이고, 조직은 백색이다. 표면은 적갈색
바탕에 미세입자가 덮여 있다. 주름살은 완전붙은형 또는
끝붙은형이고, 다소 빽빽하고, 백색 또는 담크림색이다. 대
의 길이 0.5~9cm 이고 위쪽에 턱받이가 있고 백색 또는
갈색이며 아래는 작은 알갱이로 덮여 있다. 턱받이는 곧 부
서져 떨어지고 균모와 같은 색이다. 포자는 타원형이며, 표
면은 평활하다.

[이용방안]
식용버섯

가시갓버섯

Lepiota acutesquamosa (Weinm.:Fr.) Gill.s.lat.

[분류]
주름버섯목 주름버섯과 갓버섯속

[발생시기 및 장소]
여름부터 가을에 걸쳐 산림내나 정원내의 검은 흙상에 핀다. 낙엽을 분해한다. 세계적으로 분포한다.

[특징]
자실체형태는 원추형, 둥근산모양을 거쳐서 가운데가 높은 편평형이 된다. 크기는 7~10cm이고, 조직은 백색이며, 표면은 황갈색 또는 적갈색인데 암갈색의 돌기가 있다. 주름살은 백색이고 떨어진 주름살이고 밀생한다. 대의 높이는 8~10cm이고 속은 비었고 위는 백색이고 하부는 담갈색인데 갈색의 인편이 있다. 턱받이는 백색의 막질이며 가장자리는 갈색이다. 포자는 타원형 또는 원주형이고 5.5~7.5× 2.5~3㎛이다.

[이용방안]
식용버섯

003

가죽밤그물버섯

Boletellus emodensis (Berk.) Sing.

[분류]
그물버섯목 그물버섯과 밤그물버섯속

[발생시기 및 장소]
여름부터 가을에 걸쳐 숲속의 땅에 단생한다.

[특징]
자실체형태는 둥근산모양이다. 크기는 5~10cm이고, 조직은 담황색인데 공기에 닿으면 청색으로 변한다. 표면은 건조하고 오래된 장미색 바탕에 암갈색 또는 흑갈색의 큰 인편이 있어서 국화꽃 모양을 한다. 주의에 막질의 내피막의 흔적이 붙어 있다. 주름살은 올린~내린관공으로 두께가 1.5~2.5cm 이고 황색이나 손으로 만지면 청변한다. 대의 길이 7~10cm 이고 속은 차 있고 흑갈색이나 위는 홍자색이다. 기부는 굵다. 포자는 방추형이며 20~24×8.5~12.5 ㎛이고 세로로 달리는 줄무늬 골과 옆줄이 있다.

[이용방안]
식용버섯

004

가지무당버섯

Russula amoena Quel

[분류]
주름버섯목 무당버섯과 무당버섯속

[발생시기 및 장소]
여름부터 가을에 걸쳐 활엽수림, 침엽수림의 지상에 홀로 또는 무리지어 발생한다.

[특징]
자실체형태는 반구형에서 중앙오목편평형으로 전개한다. 크기는 직경 4~10cm이고, 조직은 백색이며, 단단하고 과일향이 난다. 표면은 습하면 점성이 있고, 분말상이며, 처음 담황색이나 적자색(赤紫色)의 반점무늬가 생겨, 마치 복숭아 색상 같이 변한다. 주름살은 떨어진형, 빽빽하며, 담황백색이다. 대의 길이 2~7cm로 백색이다. 포자는 난형 또는 유구형이고, 표면은 돌기가 있는 망목상 구조물들이 분포한다.

[이용방안]
식용버섯

가지색그물버섯

Plerotus ostreatus (jacq, : Fr.) Kummer

[분류]
주름버섯목 그물버섯과 그물버섯속

[발생시기 및 장소]
여름부터 가을에 걸쳐 참나무등의 활엽수림과 소나무와의 혼합림에 발생한다. 한국, 일본 , 중국등에 분포한다.

[특징]
자실체형태는 암자색으로 가끔 황색, 오리브색,갈색등의 점이 섞여 있는 경우도 있으며 크기는 5~10cm로 표면이 습할시 점성이 좀 있다. 관공은 처음에는 백색으로 후에 담황색 또는 황갈색이 된다.대는 길이 7~9cm로 암자색의 바탕에 백색의 망목모양이다. 살은 백색으로 두껍고 공기와 접촉해도 변색하지 않는다. 포자는 14~18×5.5~6.5㎛로 방추형이다. 포자문은 황록갈색이다.

[이용방안]
식용버섯
단내가 나고 조직은 백색이고 두터워 육질감이 있다. 대가 다소 딱딱하나 씹는 맛이 좋다.

006

갈색날긴뿌리버섯

Oudemansiella bruneomarginata L. Vassilieva

[분류]
주름버섯목 송이과 긴뿌리버섯속

[발생시기 및 장소]
늦여름에서 가을에 걸쳐 활엽수 고목에 군생하거나 산생한다.

[특징]
자실체형태는 초기에 평반구형이고 갓끝이 안으로 굽어 있으나 후에 편평형이 된다. 크기는 34~150cm이고, 표면은 점성이 있으며 중앙부에 방사상의 주름이 있다.초기에 담자갈색으로 나중에 회갈색이나 퇴색되어 암백색으로 된다. 주름살은 완전붙은형 또는 작은 내린형이고 성글고 주름살은 백색 또는 황백색이나 주름살끝이 짙은 자갈색이다. 대는 원통이고 상하가 비슷하며 표면은 섬유질이고 종으로 선이 있으며 자갈색의 인편이 있다. 속은 비어 있다. 포자는 14.5~21.2×9.2~11.7㎛로 타원형 또는 아몬드형이다.

[이용방안]
식용버섯

007 갈색털고무버섯

Galiela celebica (P.Henn.) Nannf

[분류]
반균강 주발버섯목 갈색털고무버섯속

[발생시기 및 장소]
여름부터 가을에 걸쳐 활엽수의 낙엽이나 쓰러진 나무에 발생하는 중형의 버섯이다. 온대, 열대에 분포한다.

[특징]
자실체형태는 반구형 또는 역원뿔형이다. 크기는 3~7×2~5cm이고, 조직에 젤라틴층이 있어 고무처럼 탄력이 있다. 표면은 흑갈색. 자실층면은 거의 편평하고 약간 오목하다. 외측에는 솜털모양의 균사가 있다. 주름살은 처음은 주발모양이나 나중에 편평한 접시모양으로 된다. 접시의 가장자리와 바깥쪽은 짧은 털로 덮이며 흑갈색이고 내부의 살은 두꺼우며 우무질이다. 포자는 타원형이고 25~30×12~13㎛이다.

[이용방안]
식용버섯
조직은 젤라틴질로 무미무취이다. 곤약과 같이 탄력이 있으며 씹는 맛이 좋다. 외피를 벗겨내고 데쳐서 요리한다.

Naematoloma sublateritium (Fr.) Karst.

[분류]
주름버섯목 독청버섯과 개암버섯속

[발생시기 및 장소]
가을에 활엽수의 고목, 넘어진 나무나 자른 나무에 다수 속생한다. 주로 북반구 온대이북에 분포한다.

[특징]
자실체형태는 반구형에서 거의 편평하게 전개한다. 크기는 직경 3~8cm이고, 조직이 단단하고, 표면은 점성없이 약간 습기를 띠고, 갈황색 또는 적갈색, 갓 둘레는 옅은 색이며, 백색의 섬유상 피막을 부착하고 있다. 주름살은 홈생긴형이거나 끝붙은형, 빽빽하고, 황색~황갈색~자갈색으로 변한다. 대의 길이 5~10cm 이고 위는 황백색, 아래는 녹슨 갈색이며 섬유무늬를 나타낸다. 턱받이는 없고 속은 차 있다. 포자는 타원형이고, 표면은 평활하다.

[이용방안]
식용버섯
씹는 맛이 일품이고 맛이 좋으며 국물 맛이 좋으며 약간의 향이 있다. 고기, 야채와 어울려 요리하면 좋다. 주름이 백색인게 좋다. 주름이 갈색인 것은 탄력이 없어 씹는 감촉이 나쁘고, 맛이 덜하다. 노균의 대는 소화가 나쁘므로 버리고 조리한다.

009 거친껄껄이그물버섯

Leccinum scabrum (Bull.) Gray

[분류]
그물버섯목 그물버섯과 껄껄이그물버섯속

[발생시기 및 장소]
여름부터 가을에 걸쳐 숲속에 홀로 또는 흩어져서 발생한다.

[특징]
자실체형태는 반구형이거나 편평형이다. 크기는 직경 5~15cm이고, 조직은 백색이나 거의 변색이 없다. 표면은 회갈색이거나 황갈색 또는 암갈색, 습할 때 약간 점성이 있다. 관공은 끝붙은형 또는 떨어진형이고, 백색 후 회갈색이다. 대의 길이 6~12cm 이고 위쪽으로 가늘다. 표면은 백색 또는 회색의 바탕에 암갈색~흑색의 인편이 있다. 포자는 장방추형이고, 표면은 평활하다.

[이용방안]
식용버섯

010 검은비늘버섯

Pholiota adiposa (Fr.) Kummer

[분류]
주름버섯목 독청버섯과 비늘버섯속

[발생시기 및 장소]
봄부터 가을에 걸쳐 활엽수의 고목나무에 군생한다.

[특징]
자실체형태는 둥근산형에서 편평형으로 핀다. 표면은 점성을 갖고 있으며 건조시에 광택이 있다. 갓은 황색으로 중앙부는 황갈색으로 대략 삼각형모양의 갈색의 인편이 가득하며 갓끝에서는 백색인피가 있다. 대는 소실성의 턱받이가 있고 턱받이 밑에 갓과 같은 모양의 인편이 있고 점성이 있다.

[이용방안]
식용버섯
인공재배가 가능하며 지방질이나 담백한 요리 어느쪽에도 잘 맞는다. 요리하면 노란국물이 나온다.

검은산그물버섯

Xerocomus nigromaculatus Hongo

[분류]
그물버섯목 그물버섯과 Xerocomus

[발생시기 및 장소]
여름부터 가을까지 숲속에 홀로 또는 무리지어 발생한다.

[특징]
자실체형태는 반구형이거나 원추형에서 편평형으로 전개한다. 크기는 직경 2~7cm이고, 조직은 백색 또는 담황색이다. 표면은 건조하고 입상(粒狀)으로 껄끄럽고 갈색이며 상처가 나면 흑색으로 변한다. 관공은 끝 붙은 형~홈생긴형, 자루에 접한 부분은 약간 내린형이며, 황색 후 황록갈색으로 변한다. 구멍은 다각형이고 크고, 상처시 청색으로 변한 후 흑색으로 변한다. 대의 길이 2~5cm 이고 단단한 살이고 부러지기쉽다. 균모보다 담색으로 일반적으로 밝은 갈색이다. 꼭대기는 관공에 세로줄무늬가 있다. 기부는 가끔 백색의 균사덩어리가 있다. 포자는 타원형~방추형이고, 표면은 평활하다.

[이용방안]
식용버섯

012 고깔먹물버섯

Coprinus disseminatus (Pers.ex Fr.) S.F.Gray

[분류]
주름버섯목 먹물버섯과 먹물버섯속

[발생시기 및 장소]
봄부터 가을에 걸쳐 썩은 활엽수의 그루터기, 고목에 군생하며, 전세계적으로 분포한다.

[특징]
자실체형태는 달걀형에서 반구형~종형으로 전개한다. 크기는 직경 1~1.5cm이고, 조직은 아주 연약하다. 표면은 백색 또는 회색, 미세한 털이 덮여 있고, 방사상 홈선이 있어 부채살처럼 퍼진다. 주름살은 백색 후 흑색으로 되지만 액화하지 않는다. 대의 길이 2~3.5cm이고 섬세한 백색의 미세한 털로 덮여 있다. 포자는 타원형이고, 표면은 평활하다.

[이용방안]
식용버섯

013 고동색우산버섯

Amanita vaginata(Bull.ex Fr.)Vitt.var.fulva(Schaeff.)Gill

[분류]
주름버섯목 광대버섯과 광대버섯속

[발생시기 및 장소]
여름부터 가을에 걸쳐 활엽수림 또는 침엽수림내에 단생 또는 산생한다. 북반구 일대에 분포한다.

[특징]
자실체형태는 종형에서 둥근산모양을 거쳐 편평하게 된다. 크기는 4~10cm이고, 조직은 백색이고 얇다. 표면은 적갈색이고 가운데는 어둡고 습하면 끈적기가 있고 외피막의 잔편이 붙어 있고 가장자리에는 줄무늬 선이 있다. 주름살은 백색이며 끝붙은 주름살로 밀생한다. 대의 높이 7~15cm이고 위가 가늘고 백색이며 가루같은 비늘조각이 있다. 속은 비었고 턱받이는 없다. 기부 대주머니는 백색의 막질로 황갈색의 작은 반점이 있다. 포자는 구형이며 12~14㎛이다.

[이용방안]
식용버섯

014 고무버섯

Bulgaria inquinans (Pers.) Fr.

[분류]
두건버섯목 고무버섯과 고무버섯속

[발생시기 및 장소]
여름부터 가을에 걸쳐 삼림내에 무리지어 발생한다.

[특징]
자실체형태는 역 원뿔형이고, 흑갈색, 조직내에 젤라틴층
이 있어 탄력이 있다. 크기는 2~4cm이고, 조직은 아교질
이다. 표면의 측면은 껄끄러운 인편이 덮여있는 것처럼 보
인다. 주름살은 약간 오목하고 흑갈색이다. 포자는 타원형
이고, 표면은 평활하다.

[이용방안]
식용버섯

곰보버섯

Morchella esculenta (L. Fr.) Pers.

[분류]
주발버섯목 곰보버섯과 곰보버섯속

[발생시기 및 장소]
봄에 수풀이나 정원, 길옆에 발생하며, 특히 전나무 가문비나무 근처에서 발견된다. 한국, 일본등 전세계적으로 분포한다.

[특징]
자실체형태는 난형 또는 난상원추형, 그물망은 다각형~부정원형이며, 가로와 세로로 잘 발달되어 있다. 크기는 높이 5~12cm, 머리부분은 직경 4~6cm이고, 표면은 회갈색이다. 오목한곳의 내부에 자실층이 발달하고 담황갈색 또는 회황색이다. 대의 길이 2.5~5cm로 아래가 부풀며 표면은 탁한 황색이고 주름과 쌀겨 같은 인편이 붙어 있으며 내부는 머리 부분까지 비어 있다. 포자는 타원형이며, 표면은 평활하다.

[이용방안]
식용버섯
독성분이 있으므로 필히 삶아 물은 버리고 요리해야 하며, 과식하지 않도록 한다. 육질은 무르나 끓이면 탄력성이 생겨 씹는 맛이 있다. 끓이기 전에 버섯을 반으로 갈라 비어 있는 대 내부에 벌레 등을 제거한다.

016   구리빛그물버섯

Boletus aereus

[분류]
주름버섯목 그물버섯과 그물버섯속

[발생시기 및 장소]
여름부터 가을에 걸쳐 활엽수림내 지상에 발생한다.

[특징]
중 · 대형으로 자실체형태는 농갈색이나 거의 흑색으로 초기에는 표면은 짧은 털이 덮여 있는 비로드상이다. 공구는 초기에는 백색으로 후에 황색이 된다. 대는 초기에는 거의 백색이나 담황색이고, 망목이 덮여 있다.

[이용방안]
식용버섯
유럽에서는 그물버섯, 그물버섯아재비와 같은 정도로 좋아하는 버섯이다.

귀신그물버섯

Strobilomyces strobilaceus (Scop.:Fr.)Berk

[분류]
주름버섯목 귀신그물버섯과 귀신그물버섯속

[발생시기 및 장소]
여름과 가을에 숲속의 땅에서 군생한다. 한국, 일본, 유럽,
북아메리카 등 북반구 일대에 분포한다.

[특징]
자실체형태는 반구형을 거쳐 편평형이 되며, 회갈색에서
담갈색이며 암갈색 또는 흑색의 인편으로 덮여 있다. 크기
는 3~12cm이고, 조직은 백색이나 공기에 접촉하면 적색으
로 변한 후 흑색으로 된다. 관공은 백색에서 흑색으로 되며
구멍은 다각형이다. 대는 5~15cm이며 표면은 흑갈색으로
뚜렷한 섬유상 털이 있다. 포자의 크기는 8.5~10×7~9㎛
로 구형이며 표면에 그물모양의 융기가 있고, 포자문은 흑
색이다.

[이용방안]
식용버섯
유균일때 식용한다. 끓이면 검은 물이 나오며, 갓은 씹는
맛이 좋다.

• 털귀신그물버섯과 유사하나 귀신그물버섯은 갓색이 담갈
색/회갈색이나 털귀신버섯은 흑회색이며, 갓의 흑색 인편
이 삼각형의 돌기모양으로 또렷이 서 있는 반면, 귀신그물
버섯은 삼각형의 돌기가 누워있다.

Clitopilus prunulus (Scop.:Fr.)Kummer

[분류]
주름버섯목 외대버섯과 그늘버섯속

[발생시기 및 장소]
여름부터 가을에 걸쳐 활엽수림의 지상에 단생하거나 군생
한다. 북반구 일대에 분포한다.

[특징]
자실체형태는 둥근산모양에서 편평하여지며 결국 접시모양
으로 된다. 크기는 3.5~9cm이고, 조직은 백색으로 연질이
다. 표면은 습할때 끈적기가 있고 회백색~담회색이고 미세
한 가루가 있으며 가장자리는 처음에 아래로 말린다. 주름
살은 내린주름살이고 백색에서 담살색으로 되고 밀생 또는
약간 성기다. 대의 길이 2~5cm 이고 백색~회백색이고 속
은 차 있다. 포자는 타원상의 방추형으로 6개의 종선이 있
고 늑골상의 융기가 있다. 횡단면은 6각형이고 10~13×
5.5~6㎛이다.

[이용방안]
식용버섯

019 금빛비늘버섯

[분류]
주름버섯목 독청버섯과 비늘버섯속

[발생시기 및 장소]
여름부터 가을에 걸쳐 활엽수의 고사목에 발생한다. 한국, 일본, 유럽, 북아메리카, 러시아 극동지방에 분포한다.

[특징]
자실체형태는 반구형에서 편평하게 전개한다. 크기는 직경 4~12cm이고, 조직은 단단하다. 표면은 황색~황갈색, 습할때 점성이 있고, 건조시 광택이 있다. 크고 작은 갈색 인편이 산재하지만 비 등에 의하여 쉽게 떨어진다. 주름살은 완전붙은형~끝 붙은 형이고, 빽빽하며, 황색~황갈색을 띤다. 대의 길이 3.5~10cm이고 원통형이며 위쪽은 황색, 아래쪽은 적갈색이고 섬유상의 턱받이 흔적이 있으나 곧 없어진다. 턱받이 흔적 밑에 섬유상의 미세한 인편이 있고 속은 차 있다. 기부는 부풀고 백색의 균사가 부착되어 있다. 포자는 난형~타원형이고, 표면은 평활하다.

[이용방안]
식용버섯
갓은 점성이 좋고, 풍미가 좋으며, 사각 사각 씹는 맛이 좋다. 약간 냄새가 나며 국물이 적다. 대는 딱딱하고 쓴맛이 있어 먹기에는 부적합하므로 제거한다. 풍미가 다소 부족하므로 다른 재료와 같이 요리하여 맛을 더하는 것이 좋다.

Oudemansiella radicata (Relhan : Fr.)Sing

[분류]
주름버섯목 송이과 긴뿌리버섯속

[발생시기 및 장소]
여름부터 가을에 걸쳐 산림내,죽림내 지상에 또는 썩은 나무에 발생한다.

[특징]
자실체의 크기는 4~10cm이고, 표면은 담갈색 또는 회갈색으로 방사상의 불규칙한 주름이 있다. 습한 때는 강한 점성이 있다. 주름은 백색으로 성기다. 대는 갓과 거의 같은 색이며 종으로 섬유상의 조선이 있다. 기부는 약간 부풀고 땅속으로 길게 매몰된 나무 등에 연결된다. 포자는 14.5~19×9.5~14㎛로 광타원형이다.

[이용방안]
식용버섯
특유의 달콤한 향기와 갓의 점성이 여러 가지 요리에 맞는다.

Mycoleptodonoides aitchisonii (Berk.) Maas Geest

[분류]
구멍장이버섯목 아교버섯과 긴수염버섯속

[발생시기 및 장소]
여름부터 가을에 걸쳐 활엽수의 죽은 나무에 군생하거나 중생한다.

[특징]
자실체형태는 전체가 백색으로 갓은 반원형이다. 자실체표면은 백색이나 담황색이고 평활하다. 자실층하부는 백색의 침상돌기가 밀생한다. 대는 없고 기주에 그냥 부착한다.

[이용방안]
식용버섯
달콤한 향기가 강하게 난다. 데치거나, 우선 염장한 후에 요리한다.

022 까치버섯

Polyozellus multiplex (Underw.) Murrill.

[분류]
담자균아문 굴뚝버섯과 까치버섯속

[발생시기 및 장소]
가을에 침엽수림, 활엽수림 또는 혼합림 내 지상에 발생한다. 한국, 일본, 동아시아, 북미에 분포한다.

[특징]
자실체형태는 균모는 얇아서 물결모양으로 뒤집힌다. 크기는 10~30cm이고, 조직은 얇고 가죽질인 살이다. 표면은 청곤색~남흑색이며 매끄럽다. 주름살은 회백색~회청색, 흰가루를 바른것 같으며 방사상으로 달리는 낮은 주름살은 내린주름살이고 균모와 자루의 경계가 분명치 않다. 대는 밑둥이 하나지만 거듭분지하여 각 가지끝에는 주걱모양 또는 부채모양으로 된다. 포자는 구형이며 4~6㎛이고 사마귀반점이 있다.

[이용방안]
식용버섯
일부 지역에서는 먹버섯으로 불려지고 있으며, 염장을 하면 이듬해 봄까지 먹을 수 있고, 신선할 때 살짝 끓는 물에 데쳐서 초고추장에 찍어 먹거나 무쳐서 먹는다. 데쳐서 참기름과 돼지고기를 넣어 볶아 먹으면 씹는 맛도 있고 맛이 있다.

023 깔때기버섯

Clitocybe gibba (pers. es Fr.) Kummer

[분류]
주름버섯목 송이과 깔때기버섯속

[발생시기 및 장소]
여름부터 가을에 걸쳐 각종 수림에 땅위, 또는 낙엽위에 군생 또는 단생하며, 북반구 일대에 분포한다.

[특징]
자실체형태는 깔때기형이다. 크기는 직경 4~8cm이고, 조직은 약간 질기다. 표면은 평활하고, 담홍색 또는 옅은 적갈색이다. 주름살은 내린형이고, 빽빽하며, 백색을 띤다. 대의 길이는 2.5~5×0.5~1.3cm이고 속은차 있고 균모와 동색이다. 기부는 백색의 털이 있다. 포자는 타원형이며 표면은 평활하다.

[이용방안]
식용버섯
옛날부터 식용하여 왔으나, 독성분이 약간 있는 것으로 확인되었다. 필히 끓여 물은 버리고 요리한다.

• 독버섯인 독깔때기버섯, 알콜과 같이 먹으면 중독되는 배불둑이깔때기버섯과 유사하므로 주의한다.

024 꼬막버섯

Hoenbuehellia geogenia

[분류]
주름버섯목 송이과 꼬막버섯속

[발생시기 및 장소]
8~9월경 초지 또는 임지 등의 매몰된 임목이나, 기타 유기물에서 발생한다.

[특징]
자실체형태는 불특정한 깔때기형으로 막대 형태이다. 크기는 3~12cm이고, 색은 갈색~회갈색이다. 표면은 흰색의 아주 짧은 강모로 덮여 있는데, 이 강모는 선충등의 포집에 사용된다.주름은 백색으로 내린형이고, 대의 중간까지 뻗어 있다. 대는 2~6×0.6~1.5cm로 갓과의 구분이 분명치 않다. 포자는 계란형~광타원형이고 5.5~8.5×3.5~5㎛로 있다. 포자문은 흰색이다.

[이용방안]
식용버섯
국물이나 볶음 등 광범위한 요리에 맞는다. 맛이 좋은 편이다.

025

꽃송이버섯

Sparassis crispa (Wulfen) Fr.

[분류]
구멍방이버섯목 꽃송이버섯과 꽃송이버섯목

[발생시기 및 장소]
여름부터 가을(초가을)에 걸쳐 숲속내에 홀로 또는 흩어져
발생한다.

[특징]
자실체형태는 하나의 자루에서 계속 분지하여 생긴 자실체
덩어리. 꽃양배추형이다. 크기는 10~30cm이고, 조직은 백
색 또는 담황색으로 얇고 부드러운 육질이다. 표면은 백색
또는 담황색이고, 자실층은 꽃잎모양의 얇은 조각 뒷면에
생긴다. 기부는 덩이모양의 공통의 자루로 된다. 포자는 타
원형이고, 표면은 평활하다.

[이용방안]
식용버섯

꽃흰목이

Tremella foliacea Pers. ex Fr.

[분류]
목이목 흰목이과 흰목이속

[발생시기 및 장소]
봄에서 가을까지 활엽수의 고목에 발생한다. 전세계적으로
분포한다.

[특징]
자실체형태는 겹꽃형 또는 파도형이다. 크기는 6~12×4~
6cm이고, 조직은 반투명의 아교질이다. 표면은 담갈색 또
는 적갈색이나 건조하면 흑갈색으로 변한다. 표면은 평활
하다. 자실체 전표면에 자실층이 발달한다. 포자는 유구형
이고, 표면은 평활하며, 크기는 9~11×6~8μm이다.

[이용방안]
식용버섯
건조하면 작아진 것이 물에 넣으면 건조전 상태로 돌아 온
다. 풍미는 좋고 맛있는 국물이 우러나 맑은 장국과 잘 어
울린다.

Pholiota lubrica (Pers.) Singer

[분류]
주름버섯목 독청버섯과 비늘버섯속

[발생시기 및 장소]
가을에 부패한 나무나 지하에 매몰된 고목주변에 군생하거나 산생한다.

[특징]
자실체형태는 반반구형에서 중앙볼록편평형으로 전개한다. 크기는 직경 5~10cm이고, 조직은 단단하다. 표면은 황갈색이고 주변은 옅은 색이며, 갈색~황갈색 인편이 있다. 주름살은 완전붙은형에 약간 내린형이고, 빽빽하며, 회갈색을 띤다. 대의 길이 5~10cm이고 약간 부풀며 거의 백색이고 아래는 갈색을 나타낸다. 기부는 백색의 털이나있다. 포자는 난형~타원형이고, 표면은 평활하다.

[이용방안]
식용버섯
약간의 흙냄새가 나지만 풍미가 있다. 끈적임이 강해 국물로는 나도팽나무버섯 이상의 맛이 난다. 참기름 간장에 잘 어우러진다.

028 끈적긴뿌리버섯

Oudemansiella musida (Schrad.ex Fr.)H ohnel

[분류]
주름버섯목 송이과 긴뿌리버섯속

[발생시기 및 장소]
여름부터 가을에 걸쳐 참나무 등 활엽수의 고목에 조금씩 속생한다. 북반구 온대에 분포한다.

[특징]
자실체형태는 처음 반구형에서 거의 편평하게 전개한다. 크기는 직경 3~8cm이고, 조직은 백색으로 질기다. 표면은 옅은 회갈색 또는 백색이고, 약간 투명하며 점성이 있다. 주름살은 완전붙은형, 백색이며, 성글다. 대의 크기는 3~7cm×3~7mm, 연골질이고 속은 차있다. 위는 백색막질의 턱받이가 있다. 포자는 원형~유구형이고, 표면은 평활하다.

[이용방안]
식용버섯
갓은 점성이 있고 식감이 좋으며 국물맛이 좋다. 대는 섬유질이고 질기기 때문에 잘라서 별도로 볶으면 좋다.

Pluteus atricapillus (Batsch) Fayod <Dear mushroom>

[분류]
주름버섯목 난버섯과 난버섯속

[발생시기 및 장소]
여름부터 가을에 걸쳐 활엽수의 고목에 난다.

[특징]
자실체형태는 처음 반구형에서 거의 편평하게 전개한다. 크기는 직경 5~14cm이고, 조직이 얇고 무르다. 표면은 회갈색, 방사상 섬유무늬 또는 미세한 인편이 덮여 있다. 주름살은 떨어진형, 빽빽하며, 백색 후 담홍색으로 변한다. 대의 길이는 6~12cm 이고 원통형이며 백색바탕에 섬유상의 무늬가 있고 균모와 색이 같다. 속은 차있다. 포자는 광타원형이고, 표면은 평활하다.

[이용방안]
식용버섯
수분이 많으며 다소 진흙냄새가 나는 것도 있지만 냄새가 심하진 않다.

030 낭피버섯

Cystoderma amianthinum (Scop.) Fayod

[분류]
주름버섯목 주름버섯과 낭피버섯속

[발생시기 및 장소]
여름부터 가을에 걸쳐 삼림내나 숲풀에 무리지어 발생한다.

[특징]
자실체형태는 원추형에서 중앙볼록편평형으로 전개한다. 크기는 직경 2~5cm이고, 조직은 황색이다. 표면에 황토색의 분말이 덮여 있고, 방사상 주름이 있다. 갓 둘레에는 내피막의 잔유물이 남아 있다. 주름살은 끝붙은형이고, 빽빽하며, 백색~담황색을 띤다. 대의 크기는 3~6×0.3~0.8cm이고 속은 비었고 위쪽에 턱받이가 있고 턱받이 아래는 색이 균모와 같으며 위쪽에는 백색가루 같은 인편이 있다. 포자는 타원형이며, 표면은 평활하다.

[이용방안]
식용버섯

Lactarius hygrophoroides Berk. & M. A. Curtis

[분류]
무당버섯목 무당버섯과 젖버섯속

[발생시기 및 장소]
여름부터 가을에 걸쳐 삼림내에 홀로 또는 무리지어 발생
한다.

[특징]
자실체형태는 중앙오목형에서 약간 깔때기모양이다. 크기
는 직경 3~11cm이고, 조직의 유액은 백색이고, 매운맛은
없다. 표면은 등갈색, 분말상~우단상이다. 주름살은 내린
형이고, 성글며, 백색 또는 황색이며, 얼룩은 생기지 않는
다. 대의 길이 4~5cm로 균모보다 연한색이며 아래가 가늘
다. 젖은 백색인데 변색하지 않고 매운맛은 없다. 포자는
구형~유구형이고, 표면은 작은 날개모양의 돌기가 있는 망
목상 구조물들이 분포한다.

[이용방안]
식용버섯

032 노란갓비늘버섯

Pholiota spumosa (Fr.) Sing

[분류]
주름버섯목 독청버섯과 비늘버섯속

[발생시기 및 장소]
삼림내 부엽토, 썩은 그루터기, 땅에 묻힌 나무위에 군생한다.

[특징]
자실체형태는 둥근산모양에서 편평하게 된다. 크기는 2~5cm이고, 표면의 가운데는 황갈색이고 가장자리는 황색이며 습할때는 심한 끈적기가 있다. 균모의 하면에는 섬유상의 내피막이 있다가 나중에 가장자리에 부착한다. 주름살은 바른주름살이고 담황색에서 갈색으로 되고 밀생한다. 대의 길이 3~7cm이고 위는 황백색의 가루모양이며 아래는 갈색섬유상이다. 포자는 타원형이고 6.5~7.5×4~5㎛이다.

[이용방안]
식용버섯
미끌한 혀감촉으로 풍미는 순하다. 곤충이 꼬여 상처나기 쉽다.

033

노란난버섯

Pluteus leoninus (Schaeff. ex Fr.) Kummer

[분류]
주름버섯목 난버섯과 난버섯속

[발생시기 및 장소]
봄부터 가을에 걸쳐 활엽수의 고목에 군생 또는 속생한다.
북반구 일대에 분포한다.

[특징]
자실체형태는 처음 종형~반구형에서 거의 편평하게 전개
한다. 크기는 직경 2~6cm이고, 조직이 얇고 무르다. 표면
은 평활하고 선황색, 때로는 중심부근에 주름이 있고, 습하
면 갓 둘레에 방사상 선이 드러난다. 주름살은 떨어진형,
빽빽하고, 백색 후 담홍색으로 변한다. 대의 길이는
3~7cm 이고 위아래 같은 굵기이고 속은 차있거나 비었다.
황백색으로 섬유상이고 아래에 암색의 가는 섬유무늬가 있
다. 포자는 유구형이고, 표면은 평활하다.

[이용방안]
식용버섯

노란달걀버섯

Amanita javanica (Corner &Bas) T.Oda,C.Tanaka & Tsuda

[분류]
주름버섯목 광대버섯과 광대버섯속

[발생시기 및 장소]
여름부터 가을에 걸쳐 침엽수림, 활엽수림내의 땅위에 단생 또는 산생으로 달걀버섯보다 드물게 발생한다.

[특징]
자실체 형태는 유균(幼菌)일때는 달걀모양이지만, 반구형을 거쳐 편평하게 전개된다. 갓 둘레에 방사상 홈선이 있다. 크기는 직경 5~15cm이고, 조직은 담황색이다. 표면은 황색 또는 등황색이고, 주름살은 떨어진형, 황색, 약간 빽빽하다. 대의 크기는 10~15×0.7~1cm이고 균모와 동색이고 턱받이가 있다. 기부는 백색의 대주머니가 있다. 포자는 광타원형이며, 표면은 평활하다.

[이용방안]
식용버섯
달걀버섯과 맛이 비슷하다.

035

노란망태버섯

Dictyophora indusiata f. lutea (Liou & L. Hwang) Kobayasi

[분류]
말뚝버섯목 말뚝버섯과 망태버섯속

[발생시기 및 장소]
여름부터 가을에 걸쳐 수풀내에 흩어져 나거나 무리지어
발생한다.

[특징]
자실체형태는 유균일때는 직경 3.5~4cm로 난형~구형이
고, 백색~담자갈색이며, 기부에 두터운 근상균사속(根狀菌
絲束)이 있다. 성숙한 자실체는 10~20×1.5~3cm가 된다.
갓은 종형이다. 크기는 직경 2.5~4cm이고, 표면은 균모와
자루는 거의 백색이나 망토 모양의 그물망은 등황색 또는
담홍색이다. 주름살은 꼭대기 부분은 백색의 정공이 있으
며, 표면에 그물망무늬의 융기가 있고, 점액화된 암록색 기
본체가 있어서 악취가 난다. 포자는 타원형이고, 표면은 평
활하다.

[이용방안]
식용버섯

036

노랑끈적버섯

Cortinarius tenuipes (Hongo) Hongo

[분류]
주름버섯목 끈적버섯과 끈적버섯속

[발생시기 및 장소]
가을에 활엽수림의 땅위에 군생한다.

[특징]
자실체형태는 평반구형에서 편평형이다. 크기는 4~8cm이고, 표면은 등황토등색, 중앙부는 등갈색으로 갓주변에 백색비단상의 피막 파편이 붙어 있다. 습하면 점성이 있다. 성균에서 노균이 되면 갓이 쭈글쭈글해진다. 주름은 완전붙은형이거나 끝붙은형이고 백색이며 빽빽하다. 대는 6~10×0.7~1.1cm이고 굽어 있으며 백색이나 후에 점토색으로 변한다. 유균의 주름은 비단상 막으로 덮여 있고 버섯이 피면 대상부에 면모상의 턱받이로 되어 부착한다.

[이용방안]
식용버섯
청량한 향기가 있고 다소 점성이 있어 씹는 맛이나 혀촉감이 좋다. 단맛이 있는 맛있는 국물이 우러난다.

Pleurotus cornucopiae (Paulet) Rolland var. citrinopileatus (Sing) Ohira

[분류]
주름버섯목 느타리과 느타리속

[발생시기 및 장소]
초여름에서 가을에 걸쳐 참나무류, 느릅나무, 단풍나무 등의 절주등에 발생한다. 한국, 일본, 중국동북부, 러시아 극동 지방 등에 분포한다.

[특징]
자실체형태는 통상 원형으로 넓게 퍼져나며, 중앙이 깔때기모양으로 꺼져 있다. 지름은 2~6cm이고, 표면은 선황색 ~담황색으로 평활하다. 주름은 백색으로 후에 다소 황색으로 변한다. 대는 백색 또는 약간 황색으로 기부는 합쳐져 있다. 거의 중심생이다.

[이용방안]
식용버섯
약간 냄새가 나는 것도 있다. 전체적으로 산뜻한 풍미가 있다. 삶으면 탄력이 생겨 씹는 맛이 좋다.

녹슬은비단그물버섯

Suillus viscidus (L.) Fr.

[분류]

그물버섯목 비단그물버섯과 비단그물버섯속

[발생시기 및 장소]

여름부터 가을걸쳐 삼림내에 홀로 또는 무리지어 발생하며
가끔 균륜을 형성한다.

[특징]

자실체형태는 반구형에서 편평하게 전개한다. 크기는 직경
5~12cm이고, 조직은 상처시 청색~황녹색으로 변한다. 표
면은 젤라틴 같은 점액질이 덮여 있고, 암갈색 후에 녹색을
띤 회색~백색으로 변한다. 관공은 완전붙은형에 약간 내린
모습이고, 백색~회백색에서 갈색으로 된다. 구멍은 크고
다각형이며, 상처시 청색~황녹색으로 변한다. 대의 길이
5~8cm 이고 꼭대기는 막질이고 오백~갈색의 턱받이가 있
다가 없어진다. 턱받이의 위는 그물눈이 잇고 오백색 또는
다소 녹색이며 턱받이 아래에서 다소 섬유상으로 끈적기가
있다.오황색~회백색 또는 갈색이다. 포자는 타원형이고,
표면은 평활하다.

[이용방안]

식용버섯

039 느티만가닥버섯

Hypsizigus marmoreus (Peck) Bigelow

[분류]
주름버섯목 송이과 느티만가닥버섯속

[발생시기 및 장소]
가을에 너도밤나무등 활엽수의 고사목에 발생한다. 북반구
온대에 분포한다.

[특징]
자실체형태는 표면은 유백색 또는 회갈색으로 중앙부에는
짙은 색의 대리석문양이 나타난다. 주름은 유백색으로 완
전붙은형이고 빽빽하거나 약간 성김형태이다.대는 백색으
로 약간 두껍다. 현재 인공재배 되고 있다.

[이용방안]
식용버섯
씹는 맛이 좋고 어떤 요리에도 어울린다.

040 다람쥐눈물버섯

Psathyrella piluriformis (Bull. ex Merat) Maire

[분류]
주름버섯목 먹물버섯과 눈물버섯속

[발생시기 및 장소]
여름부터 가을에 걸쳐 활엽수의 부후목이나 그주변에 다량
발생하며, 북반구와 아프리카에 분포한다.

[특징]
자실체형태는 반구형 또는 둥근산모양에서 편평한 모양으
로 된다. 크기는 2.5~5cm이고, 조직은 얇다. 표면은 습할
때는 방사상의 줄무늬가 있고 검은 갈색 또는 계피색이며
마르면 연한 황토색으로 된다. 올린주름살로 가끔 물방울
을 분비하고 연한 회갈색에서 흑갈색으로 되고 밀생한다.
대의 길이는 3~6cm 이고 백색이며 속은 비었다. 내피막은
백색이다. 포자는 타원형 또는 난형이고 자갈색 또는 흑색
을 띠며 발아공이 있고 5~6×3~3.5㎛이다.

[이용방안]
식용버섯

041 다색벚꽃버섯

Hygrophorous russula (Schaeff. ex Fr.) Quel

[분류]
주름버섯목 벚꽃버섯과 벚꽃버섯속

[발생시기 및 장소]
가을에 활엽수 또는 침엽수림에서 산생 또는 군생한다. 북반구 온대지방에서 자란다.

[특징]
자실체형태는 반구형에서 볼록평평형을 거쳐 편평형으로 전개한다. 크기는 직경 5~12cm이고, 조직이 백색~담홍색이며 가끔 암적색의 얼룩을 띤다. 표면은 점성이 있으나 쉽게 마르고, 중앙은 암적색, 갓 둘레는 담적색이다. 갓 끝은 어릴 때 안쪽으로 말린다. 주름살은 완전붙은내린형이고, 약간 빽빽하며, 백색~담홍색, 갓과 같은 색의 얼룩이 생긴다. 대의 크기는 3~8×1~3cm이고 백색에서 검붉은 색으로변하며 섬유상이며 속은 차 있다. 포자는 타원형으로 표면은 평활이다.

[이용방안]
식용버섯
일명 "밤버섯"이라하며 강원도에서는 염장하여 먹는다. 맛은 약간 쓰고 살은 단단하나, 빽빽하여 식감은 안좋으나 풍미가 좋다. 쓴맛을 제거하기 위하여 열탕이나 염장을 하게되면 갓의 적갈색기가 없어져 담황색으로 변색한다.

달걀버섯

Amanita hemibapha (Berk. et Br.)Sacc. subsp.

[분류]
주름버섯목 광대버섯과 광대버섯속

[발생시기 및 장소]
여름부터 가을에 걸쳐 활엽수림에 발생한다.

[특징]
자실체형태는 유균(幼菌)은 외피막에 둘러쌓여 달걀모양이
지만, 점차 막의 상부가 파괴되고, 갓이 드러나며 편평하게
전개한다. 갓 둘레에 방사상 홈선이 있다. 크기는 직경
6~18cm이고, 조직은 담황색이다. 표면은 적색 또는 적황
색이고, 주름살은 떨어진형, 황색, 약간 빽빽하다. 대의 높
이는 10~17cm이고 황갈색이며 얼룩무늬가 있고 위쪽에
동색의 막질의 턱받이가 있다. 기부의 대주머니는 백색의
막질이다. 포자는 광타원형이며, 표면은 평활하다.

[이용방안]
식용버섯
씹는 감촉이 좋고, 맛있는 국물이 나온다. 끓이면 약한 암
모니아 냄새가 난다. 구이, 튀김, 국물 등으로 맛을 즐긴다.
갓이 얇고 약하고 미끈미끈하여 식감은 아주 좋다.

043 댕구알버섯

Lanolila nipponica (Kawam.) Y. Kobayasi

[분류]
말불버섯목 말불버섯과 댕구알버섯속

[발생시기 및 장소]
여름부터 가을까지 밭이나 길옆, 정원수밑이나 잡목림등에
발생한다. 전세계에 분포한다.

[특징]
자실체형태는 구형으로 축구공과 비슷하다. 크기는
15~40cm이고, 조직은 기본체는 백색이나 황갈색~자갈색
으로 되고 낡은 솜모양으로 된다. 표면은 두께 1~1.5mm의
두꺼운 가죽모양의 껍질로 싸이며 백색이나 내부기본체가
성숙함에 따라 다량의 액체를 내고 퇴색한다. 건조해지면
껍질은 불규칙하게 벗겨지며 황갈색~자갈색의 얇은 껍질
로 싸인 기본체를 노출한다. 포자는 황갈색의 구형이며 지
름 6~7.6㎛로 가시 돌기가 있다.

[이용방안]
식용버섯
식용이 되는 것은 조직이 백색으로 탄력이 있는 유균, 미성
숙균일때에 한한다. 성숙하면 악취가 나는 것은 제외한다.
외피를 벗기고 요리한다.

독송이

Tricholoma muscarium Kawam. ex Hongo

[분류]
주름버섯목 송이과 송이속

[발생시기 및 장소]
가을에 활엽수와 소나무 숲, 혼합림내 지상에 단생 또는 중생한다. 한국.일본 등에 분포한다.

[특징]
자실체형태는 원추형에서 편평하게 되나 가운데가 볼록하다. 크기는 4~6cm이고, 조직은 백색이다. 표면은 끈적기는 없고 바탕색은 담황색이고 갈올리브색의 섬유상이 있다. 가운데는 짙고 가장자리는 연한색이고 간혹 전면이 갈올리브색을 나타내는 때도 있다. 주름살은 올린주름살 또는 홈파진주름살이고 백색이며 밀생한다. 대의 크기는 6~8cm×6~15mm이다. 원통형이나 약간 방추형이며 백색~담황색이다. 섬유상이고 속은 차 있다. 포자는 짧은 타원형이고 5.5~7.5×4~5μm이다.

[이용방안]
식용버섯
생긴것과는 다르게 좋은 맛이 좋다. 아미노산인 트리코로민산(Tricholomin acid)을 포함하고 있어 맛이 좋으나, 과식하면 만취상태가 되므로 1인당 1~2개 정도로 맛을 즐겨야 한다.

Stropharia rugosoannulata Farlow in Murr.

[분류]
주름버섯목 독청버섯과 독청버섯속

[발생시기 및 장소]
봄부터 가을에 걸쳐 길옆, 밭, 말 등의 똥에서 발생한다.

[특징]
자실체형태는 반반구형에서 편평하게 전개한다. 크기는 직경 7~15cm이고, 조직이 단단하며 향기가 좋다. 표면은 적갈색, 평활하거나 미세한 섬유상 인편이 덮여 있다. 주름살은 완전붙은형, 백색에서 짙은 자갈색으로 변한다. 대의 길이는 9~15cm이고 매끄러우며 백색에서 황색으로 되며 비단처럼 빛난다. 턱받이는 두꺼운 막질이고 윗면에 줄무늬 홈선이 있고 별 모양으로 갈라져 위로 말리며 탈락하기 쉽다. 포자는 타원형~난형이고, 표면은 평활하다.

[이용방안]
식용버섯
인가 부근이나 산에서 장마철에 발생한다. 모양과는 달리 개운한 맛으로 식감이 아주좋다.

046

등색껄껄이그물버섯

Leccinum versipelle (Fr.et H dk) Snell

[분류]
주름버섯목 그물버섯과 껄껄이 그물버섯속

[발생시기 및 장소]
여름부터 가을에 걸쳐 활엽수림내 땅위에 단생한다. 북반구 온대 이북에 분포한다.

[특징]
자실체형태는 끝은 막상으로 관공부에서 돌출한다. 크기는 지름 4~20cm이고, 표면은 회갈색이거나 농회갈색으로 솜털상이고 습하면 약간 점성이 있다. 관공은 끝붙은형이고 백색을 거쳐 후에 담회갈색이 된다. 대는 백회색이며 대개 흑색의 작은 인편이 다수 붙어 있다. 조직은 백색이다. 절단하면 담와인색후에 거의 흑색이 된다. 포자문은 황록갈색이다.

[이용방안]
식용버섯
식용이나 생식하면 중독된다. 볼륨감이 있고, 씹는 맛이 일품이고, 진한 맛과 향이 아주 좋은 우수한 버섯이다. 반개한 것이 최고로 맛이 좋으며, 성균은 관공을 제거한 후 요리하고 갓과 대는 따로 요리한다. 충분히 익히지 않으면 대 가운데가 흑색으로 남는다.

047

등색주름버섯

Agaricus abruptibulbus Peck

[분류]
주름버섯목 주름버섯과 주름버섯속

[발생시기 및 장소]
여름부터 가을에 걸쳐 삼림내에 무리지어 발생한다.

[특징}
자실체형태는 처음 반구형에서 편평하게 전개한다. 크기는
직경 5~15cm이고, 조직은 백색이고 공기에 닿으면 자루분
에서는 약간 황색이 된다. 표면은 백색 또는 담황색이다.
주름살은 떨어진형이고, 빽빽하며, 백색~담홍색~암자갈색
으로 변한다. 대의 길이 9~13cm 이고 속은 비었고 다소 솜
털같은 미세한 인편이 있다. 백색에서 살색으로 된다. 턱받
이는 위쪽에 백색~황색으로 큰 막질이고 아래에는 솜털상
의 부속물이 있다. 기부는 괴경상이 된다. 포자는 타원형이
며, 표면은 평활하다.

[이용방안]
식용버섯

마른산그물버섯

Xerocomus chrysenteron (Bull.) Quel

[분류]
주름버섯목 그물버섯과 산그물버섯속

[발생시기 및 장소]
여름부터 가을에 걸쳐 활엽수림내 지상에 발생한다. 북반
구일대에 분포한다.

[특징]
자실체형태는 반구형에서 거의 편평하게 전개한다. 크기는
직경 3~10cm이고, 조직은 상처가 나면 청색으로 변한다.
표면은 우단상이고 짙은 자갈색 또는 암갈색~회갈색, 가끔
표피가 갈라져 담홍색 조직이 드러난다. 관공은 끝붙은형
에 내린형이고, 황색~녹황색, 구멍은 다각형이다. 대의 길
이 5~8cm 이고 혈적색~암적색이며 세로의 섬유무늬가 있
고 속은 차 있으며 내부는 황색~적색이다. 포자는 장타원
형이고, 표면은 평활하다.

[이용방안]
식용버섯

049

모래꽃만가닥버섯

Lyophyllum semitake (Fr.) Kuhn

[분류]
주름버섯목 송이과 만가닥버섯속

[발생시기 및 장소]
가을에 참나무류, 적송림등에 발생한다. 한국, 일본 유럽 등지에 분포한다.

[특징]
자실체형태는 상처시 흑색으로 변색하는 성질이 있다. 자실체는 소형으로 평반구형으로 갈회색 또는 암갈색이다. 주름은 회갈색으로 끝붙은형이다. 대의 기부에 백색의 긴 털이 있다.

• 반투명만가닥버섯과 유사하나, 소형이고 대기부에 흰털이 나 있는 것이 특징이다.

[이용방안]
식용버섯
풍미는 반투명만가닥버섯과 유사하나, 다소 흙냄새가 나는 경우도 있으므로 참기름이나 올리브유로 볶거나 된장을 넣고 조린다.

못버섯

Chroogomphus rutilus (Schaeff. ex. Fr.) O.K.Miller

[분류]
주름버섯목 마개버섯과 못버섯속

[발생시기 및 장소]
여름부터 가을에 걸쳐 적송, 흑송의 지상에 단생 또는 군생한다. 북반구 온대이북에 분포한다.

[특징]
자실체형태는 원추형~종형에서 중앙볼록편평형으로 전개한다. 크기는 직경 2~8cm이고, 조직은 등황색을 거쳐 담황갈색으로 변한다. 표면은 습할 때 점성이 있고, 처음 비단같은 섬유로 얇게 덮이지만 후에 평활하게 된다. 색은 황갈색 또는 적갈색이다. 주름살은 내린형, 성글고, 담갈색~암적갈색~흑갈색으로 변한다. 대의 길이 3~8cm 이고 담황갈색~적갈색의 섬유상이다. 턱받이는 솜털 모양이고 소실하기 쉽다. 기부는 가늘다. 포자는 타원형 또는 방추형이고, 표면은 평활하다.

[이용방안]
식용버섯
씹는 맛이 좋고, 요리에 따라 점액이 나온다.

Collybia confluens (Pers. ex. Fr.)Kummer <Tufted coincap>

[분류]
주름버섯목 송이버섯과 애기버섯속

[발생시기 및 장소]
여름부터 가을에 걸쳐 활엽수림의 땅이나 낙엽사이에서 군
생 또는 속생한다.

[특징]
자실체형태는 처음엔 평반구형이나 차차 편평형이 된다.
크기는 1~5cm이고, 중앙부는 처음엔 짙은색이나 차차 담
황색 또는 담회갈색이 된다. 주름살은 끝붙은형이고 빽빽
하고 색은 갓과 같다.대는 성장하며 속이 비고 담황갈색이
며 분말상의 작은 털이 덮여 있고 기부는 백색 균사가 있
다. 포자는 장타원형이고 포자문은 백색이다.

[이용방안]
식용버섯

052 박달송이

Cortinarius praestans (Cord.) Sacc.

[분류]
주름버섯목 끈적버섯과 끈적버섯속

[발생시기 및 장소]
가을에 석회암지대의 활엽수림내 지상에 군생 또는 속생.
한국, 일본 ,유럽에 분포한다.

[특징]
자실체형태는 평반구형에서 편평형이 되며 갓끝이 내축으
로 말린다. 표면은 암갈색 또는 다갈색으로 주변은 담자색
을 보인다. 백색의 피막의 파편을 가진다. 주름은 완전붙은
형 또는 끝붙은형이고 빽빽하며 계피색을 띤다. 대는 백색
으로 하반부는 담자색 또는 백색의 피막이 있다.

[이용방안]
식용버섯

밤꽃그물버섯

Boletus pulverulentus Opat

[분류]
주름버섯목 그물버섯과

[발생시기 및 장소]
활엽수나 침엽수 산림내 지상에서 발생한다. 북반구 일대에 분포한다.

[특징]
자실체는 상처시 즉시 짙은 청색으로 변한다. 크기는 3~10cm로 표면은 작은 털이 덮여 있다. 올리브갈색 또는 흑갈색이다. 관공은 처음에는 황색이나 후에 올리브황색이 된다. 대는 길이 4~10cm로 위는 선황색이고 하부는 적갈색이다. 대 전체에 작은 점이 밀포되어 있다. 조직은 단단하고 황색이다.

[이용방안]
식용버섯
청변성이 강해 맛이 안좋게 생각되나, 풍미는 담백하다. 볶음이나 조림으로 하면 맛이 좋다.

054 방망이만가닥버섯

Lyophyllum decastes (Fr.:Fr.)Sing

[분류]
주름버섯목 송이과 만가닥버섯속

[발생시기 및 장소]
여름부터 가을에 걸쳐 숲속, 초지, 길옆, 정원 등에서 발생한다. 북반구 온대에 분포한다.

[특징]
자실체형태는 성숙하면 거의 편평형으로 되며 표면은 올리브갈색 또는 회갈색으로 나중에 담색이 된다. 크기는 지름 4~9cm이고, 주름살은 완전붙은형, 홈형, 내린형으로 백색으로 빽빽하다. 대는 갈회색으로 윗부분이 분상으로 수본 또는 다수가 균주를 형성하고 있다. 조직은 백색이다. 버섯의 하부는 균사속으로, 지하에 매몰된 목재 등에 연결 되어 있다. 포자는 5.5~7.5×5~7μm로 거의 구형이다.

[이용방안]
식용버섯
다소 분냄새가 나지만 맛있는 버섯이다.

방패외대버섯

Rhodophyllus clypeatus (L.) Quḗl

[분류]
주름버섯목 외대버섯과 외대버섯속

[발생시기 및 장소]
4~5월경 사과, 배, 복숭아, 모과 등 장미과나무 밑에 발생한다.

[특징]
자실체형태는 종형 둥근산모양을 거쳐 가운데가 높은 편평형으로 된다. 크기는 5~8cm이고, 조직은 암색이고 밀가루냄새가 난다. 표면은 매끄럽고 회색인데 섬유상무늬를 나타낸다. 가장자리는 어릴때 안으로 말린다. 주름살은 백색에서 살색으로 된다. 올린주름살~홈파진주름살로 성기다. 대의 높이 4~8cm로 아래가 조금굵으며 회백색의 섬유상이고 속은 차 있다. 포자는 5~6각형이며 8~10×7.5~8.5㎛이다.

[이용방안]
식용버섯
생식하면 중독되므로 꼭 익혀서 먹어야 한다. 육질이 단단하고 대의 씹는 맛이 외대덧버섯과 같이 아주 좋다. 약간 밀가루냄새가 나므로 들기름이나 베이콘을 사용한 요리가 좋다. 다른 봄야채들과 같이 간장으로 조림을 하면 맛을 즐길 수 있다. 버섯이 적은 봄철에 발생하는 진중한 버섯이다.

056 볏짚버섯

Agrocybe praecox (Pers. ex Fr.) Fayod

[분류]
주름버섯목 소똥버섯과 볏짚버섯속

[발생시기 및 장소]
봄부터 가을에 걸쳐 풀밭, 맨땅위에 군생, 속생한다. 전세계에 분포한다.

[특징]
자실체형태는 반구형에서 편평하게 전개한다. 크기는 직경 3~9cm이고, 조직은 단단하다. 표면은 평활하고 황갈색이다. 주름살은 완전붙은형~끝붙은형, 빽빽하고, 성숙하면 암갈색으로 변한다. 대의 길이 3.5~12cm이고 아래쪽으로 약간 부푼다. 표면은 거의 백색 또는 균모와 같은색이다. 턱받이는 백색의 막질이다. 포자는 난형이고, 표면은 평활하다.

[이용방안]
식용버섯
깔끔한 맛으로 씹는 맛이 좋다. 간장과 들깨기름을 이용한 볶음이나 조림이 좋다.

057 보리볏짚버섯

Agrocybe erebia (Fr.) Kühner

[분류]
주름버섯목 소똥버섯과 볏짚버섯속

[발생시기 및 장소]
여름부터 가을사이에 숲속, 정원내의 땅에 군생 또는 속생
한다. 북반구 온대 일대 및 호주에 분포한다.

[특징]
자실체형태는 둥근산모양에서 약간 편평하게 된다. 크기는
2~7cm이고, 표면은 습하면 끈적기가 있고 가장자리에 줄
무늬 선이 나타나며 회백색이나 마르면 선이 없어지고 담
계피색이 된다. 주름살은 바른~내린주름살이고 성기다. 색
은 황갈색이다. 대의 길이 3~6cm 이고 속은 차 있거나 비
어 있으며 표면은 섬유상인데 위는 백색이고 아래는 탁한
갈색이다. 턱받이는 막질이며 위쪽에 있다. 포자는 타원형
이며 1.5~15×6~7㎛이다.

[이용방안]
식용버섯

붉은그물버섯

Boletus fraternus Peck.

[분류]
주름버섯목 그물버섯과 그물버섯속

[발생시기 및 장소]
여름부터 가을에 걸쳐 활엽수림이나 잔디밭의 땅에서 발생한다. 한국, 일본, 중국, 유럽등에 분포한다.

[특징]
자실체형태는 반구형에서 편평하게 전개한다. 크기는 직경 4~7cm이고, 조직은 황색, 상처가 나면 청색으로 변한다. 표면은 우단상, 적갈색~선홍색, 가끔 표피가 가늘게 갈라진다. 관공은 끝붙은형, 황색이며, 구멍은 각형(角形)으로 약간 크다. 대의 길이 3~6cm 이고 같은 폭이고 아래쪽으로 다소 가늘고 약간 연골질이다. 표면은 황색의 바탕에 적색의 줄무늬가 있고 전체적으로 짙은 적색이다. 기부의균사는 담홍색이다. 포자는 방추형이고, 표면은 평활이다.

[이용방안]
식용버섯

Cantharellus cinnabarinus Schw

[분류]
민주름목 꾀꼬리버섯과 꾀꼬리버섯속

[발생시기 및 장소]
여름부터 가을에 걸쳐 활엽수, 혼합림내 땅에서 단생 또는 군생한다. 균근성균으로 한국, 일본, 중국, 북아메리카에 분포한다.

[특징]
자실체형태는 반구형에서 후에 깔때기모양이 된다. 표면은 평활하고, 둘레는 파도형이다. 크기는 직경 1~3cm, 높이 3.5cm이고, 조직은 부드럽고 쫄깃쫄깃하다. 표면은 주홍색이고, 자실층은 내린 주름살 모양이고, 연락맥이 있으며 담홍색이다. 대의 길이 2~5cm이고 원통형 또는 기부가 가늘고 매끄럽거나 줄무늬 선이 있고 균모와 같은 색이다. 속은 차 있다. 포자는 타원형이고, 표면은 평활하다.

[이용방안]
식용버섯

붉은덕다리버섯

Laetiporus sulphureus (Fr.)Murrill var.miniatus (Jungh.) Imaz.

[분류]
민주름목 구멍장이버섯과 덕다리버섯속

[발생시기 및 장소]
여름부터 가을까지 침엽수 혹은 활엽수의 고목이나 생목의
그루터기에 나는 1년생 심재갈색부후균이다.

[특징]
자실체형태는 반원형 또는 부채형이다. 크기는 폭
15~30cm, 두께 1~3cm이고 조직은 어린 균일 때 식용하
지만, 곧 단단해진다. 표면은 방사상으로 파도상 결이 있
고, 선홍색~주황색, 후에 색이 바래면 백색~갈색으로 변한
다. 갓 둘레는 파도형~갈라진 형, 조직은 육질이고 담홍색
이다. 주름살은 밑면은 선홍색이고, 관공은 길이 5mm 내
외, 구멍은 원형이다. 대는 없다. 포자는 난형~타원형이고,
표면은 평활하다. 특징은 갈색부후균이다.

[이용방안]
식용버섯
유균은 식용하나 생식하면 중독되므로 꼭 익혀서 먹는다.
귓불 정도의 연한 것이 최상으로 친다. 유균을 철판구이,
야채냄비, 버터볶음, 무침, 튀김 등으로 요리하면 좋다.

Suillus pictus (Peck)A.H.Smith et Thiers〔painted suillus〕

[분류]
주름버섯목 그물버섯과 비단그물버섯속

[발생시기 및 장소]
여름과 가을에 침엽수(특히 잣나무)밑에 군생으로 많이 발생한다.

[특징]
자실체형태는 반구형 또는 원추형으로 전개한다. 크기는 직경 5~10cm이고, 조직은 크림색이고 상처시 적색으로 변하지만, 자루는 가끔 청색으로 변한다. 표면에 섬유상 인편이 빽빽하고, 적색~적자색이며, 퇴색하여 갈색으로 변한다. 관공은 내린형이고, 황색 후에 황갈색으로 됨. 구멍은 크기가 다르며, 방사상으로 배열되고, 상처가 나면 적색으로 변하던가 갈색으로 변한다. 대의 길이 3~8cm 이고 위아래 같은 굵기이고 아래쪽으로 가늘다.속은 차 있고 턱받이보다 위는 황색이고아래는 균모와 같은 색이고 섬유상으로 덮여 있다. 포자는 타원형이고, 표면은 평활하다.

[이용방안]
식용버섯
쓴맛이 없으며 육질이 단단하며 맛도 좋다. 끈적임이 살아나는 찌게나 탕에 사용하면 좋다.

붉은애기버섯

Rhodocollybia maculata var. maculata (Alb.& Schwein) Singer
= Collybia maculata

[분류]
주름버섯목 낙엽버섯과 붉은애기버섯속

[발생시기 및 장소]
여름부터 가을에 걸쳐 산림내 낙엽사이의 땅에 군생. 균륜을 이루어 발생한다.

[특징]
자실체형태는 반구형에서 평반구형이 된다. 표면은 담황색 바탕에 갈색 얼룩이 있다. 갓의 가장자리는 안쪽으로 말려 있다. 주름살은 홈형이거나 떨어진형이며 백색에 빽빽하다. 대는 담황백색이나 아래쪽은 적갈색 얼룩이 있다.

[이용방안]
식용버섯
대는 씹는 맛이 좋다. 다소 쓴맛이 있는 것은 들기름과 야채와 같이 볶아서 먹으면 좋다.

063 뿔나팔버섯

Craterellus cornucopioodes (L. ex Fr.) Pers.

[분류]
민주름목 꾀꼬리버섯과 뿔나팔버섯속

[발생시기 및 장소]
늦여름부터 가을에 걸쳐 혼합림내 땅위에 군생한다. 전세계에 분포한다.

[특징]
자실체형태는 가늘고 긴 깔때기형의 나팔모양이고, 갓 끝은 얕게 갈라지며, 물결모양이다. 크기는 직경 1~6cm, 높이 5~10cm이고, 조직은 약간 질긴 가죽질이다. 표면은 흑색~흑갈색이고 인피가 덮여 있다. 자실층은 긴 내린형이고, 회백색~엷은 회자색, 거의 평활하다. 대의 길이 5~10cm이고 깔대기 모양이다. 포자는 타원형이고, 표면은 평활하다.

[이용방안]
식용버섯
유럽에서는 대중화된 버섯이다. 조림 요리등에 잘 어울린다.

산느타리

Pleurotus pulmonarius (Fr.) Quel

[분류]
주름버섯목 느타리과 느타리속

[발생시기 및 장소]
봄부터 가을에 걸쳐 활엽수의 고목, 쓰러진 나무 등에서 발생한다. 한국, 일본, 유럽, 북아메리카에 발생한다.

[특징]
자실체형태는 처음 반구형에서 콩팥형, 깔때기형 등으로 전개한다. 크기는 직경 2~8cm이고, 조직은 밀가루 냄새가 난다. 표면은 평활하고 습기를 띠며, 연회색~백색을 을 띤다. 주름살은 약간 빽빽하며, 처음 백색에서 오래되면 크림색~황록색으로 변한다. 대의 크기는 0.5~1.5cm이고, 포자는 타원형이고, 표면은 평활하다.

[이용방안]
식용버섯
느타리에 비해 살이 얇고 부드럽다. 육질은 비교적 연하나, 씹는 맛이 좋고 향이 좋다.

Rhodotus palmatus (Bul.: Fr.) Maire

[분류]
주름버섯목 송이과 살구버섯속

[발생시기 및 장소]
봄부터 가을에 걸쳐 부후목에 발생하며 특히 느릅나무에 발생한다. 북반구 온대이북에 분포한다.

[특징]
자실체형태는 전체가 핑크색이거나 담홍색이며, 표면은 평활하거나 망목상의 주름이 있는 경우가 많다. 주름살은 약간 성기며 핑크색이거나 담홍색이다. 대는 짧고, 편심생으로 백색 또는 핑크색이다. 대에 등황색 또는 자주색의 액적을 자주 만들기도 한다. 드물게 발생한다. 포자는 6~8㎛이고 대략 구형이다.

[이용방안]
식용 버섯
약간의 과실 냄새가 있고 육질은 질기어 씹는 맛이 있다. 약간 쓴맛이 있다.

066 싸리버섯

Ramaria botrytis (Fr.) Ricken

[분류]
민주름목 싸리버섯과 싸리버섯속

[발생시기 및 장소]
가을에 활엽수림, 혼합수림에 군생 또는 산생한다.

[특징]
자실체형태는 산호형이고, 분지가 많다. 크기는 높이 7~
18cm, 너비 6~20cm이고 조직은 백색이며 속이 차 있고,
부서지기 쉽다. 분지끝은 담홍색 또는 담자색이고, 다른 부
위는 백홍색이나 오래되면 황토색이다. 포자는 방추형이
고, 표면은 미세한 돌기가 있다.

[이용방안]
식용버섯
구이, 무침, 장국, 지방질, 담백한 것 모두에 맞는다.

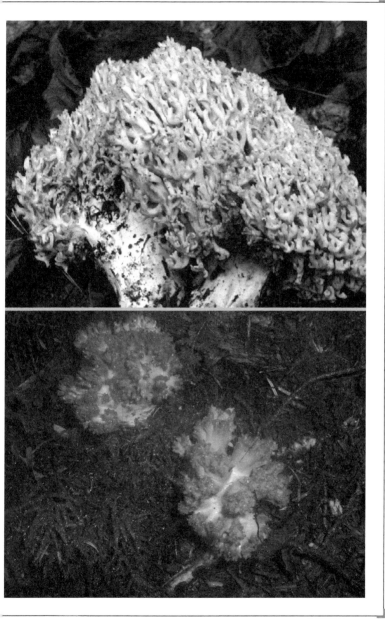

067

알버섯

Rhizopogon roseolus (Corda) Th. Fr.

[분류]
그물버섯목 알버섯과 알버섯속

[발생시기 및 장소]
봄부터 가을에 걸쳐 숲속의 절개지 맨땅에 군생한다.

[특징]
자실체형태는 지하생균, 비뚤어진 구형의 버섯이다. 크기는 1~5cm이고, 조직은 끈적기가 있는 살이며 가루질로 되어 있지않다. 표면은 백색이나 땅위에 나오면 황갈색~적갈색으로 되고 한쪽에 뿌리와 비슷한 균사속이 붙어 있다. 내부(기본체)는 백색이나 황색에서 암갈색으로 변하며 확대경으로 보면 미로상으로 갈라진 작은 방이 많이 있다. 주름살은 미로상의 작은 방내부에 만들어 진다. 포자는 무색의 긴 타원형이며 9~14×3.5~4.5㎛이다. 향기가 있는 좋은 식용균이다.

[이용방안]
식용버섯

애기꾀꼬리버섯

Cantharellus minor Peck

[분류]
꾀꼬리버섯목 꾀꼬리버섯과 꾀꼬리버섯속

[발생시기 및 장소]
여름부터 가을에 걸쳐 삼림내에 홀로 또는 흩어져 발생한다.

[특징]
자실체형태는 반구형~오목편평형~깔때기형으로 전개한다. 크기는 직경 0.5~3cm이고, 조직은 부드럽고 부서지기 쉽다. 표면은 전체가 황색이다. 주름살은 내린형이고, 성글며, 황색, 때로는 교차하며 분지하지만, 상호간의 연락맥은 없다. 대의 길이 2~3cm 이고 원통형, 매끄럽고 등~황색이며 위아래 크기가 같거나 아래가 기늘다. 포자는 타원형이고, 표면은 평활하다.

[이용방안]
식용버섯

069

애기젖버섯

Lactarius gerardii Peck

[분류]
주름버섯목 무당버섯과 젖버섯속

[발생시기 및 장소]
여름부터 가을에 걸쳐 활엽수림, 침엽수림, 혼합수림내 지상에 발생하며 북반구 온대에 분포한다.

[특징]
자실체형태는 중앙오목편평형으로 전개한다. 크기는 직경 5~10cm이고, 조직의 유액은 백색, 매운맛은 없다. 표면은 황갈색~회갈색, 주름이 많고, 우단모양이다. 주름살은 끝 붙은 형에 내린 모양이고, 성글고, 백색~담황색, 상호 연락맥이 있다. 대의 길이 3~6cm로 균모와 같은 색이다. 포자는 유구형이고, 표면은 돌기가 있는 망목상 구조물들이 분포한다.

[이용방안]
식용버섯

Lyophyllum fumosum (Pers.:Fr.)P.D.Orton

[분류]
주름버섯목 송이과 만가닥버섯속

[발생시기 및 장소]
가을에 혼합림의 지상에 발생하는 균근성이다. 북반구온대
에 분포한다.

[특징]
자실체형태는 반구형에서 편평하게 전개하며 위로 젖혀지
기도 한다. 크기는 직경 2~5cm이고, 조직은 백색의 육질
형이다. 표면은 암회갈색에서 회색~회갈색으로 변한다. 주
름살은 완전붙은형, 홈생긴형 또는 약간내린형이고, 빽빽
하며, 백색~담회색이다. 대는 원통형이고,1~10cm이다.
기부는 뭉쳐있다. 포자는 구형이며 표면은 평활하다.

[이용방안]
식용버섯
덩이줄기상의 근주에서 수십개의 침같은 갓이 나오며 자란
다. 땅찌만가닥버섯과 더불어 만가닥버섯류중 맛의 왕이나
최근 그 수량이 격감하고 있다. 씹는 맛, 풍미 모두가 좋은
드물게 발생하는 소중한 버섯이다. 매년 같은 자리에서 발
생하므로 장소를 잘 알아 두면 좋다.

Rhodophyllus crassipes (Imaz. et Toki)Imaz. et Hongo

[분류]
주름버섯목 외대버섯과 외대버섯속

[발생시기 및 장소]
가을에 활엽수림내 땅위에 군생 또는 단생한다.

[특징]
자실체형태는 원추형에서 가운데가 높은 편평형으로 된다.
크기는 7~12cm이고, 조직은 밀가루 냄새가 난다. 표면은
매끄럽고 회갈색이며 백색 견사상의 섬유로 덮이며 회백색
의 얼룩을 이룬다. 주름살은 백색이나 나중에 살색이 되고
홈파진주름살이고 밀생한다. 대의 높이 10~18cm 이고 위
아래로 굵고나 가늘고 매끄럽고 속은 차 있다. 포자는 다각
형이고 9.5~12.5×7~9.5μm이다.
• 독버섯인 삿갓외대버섯, 외대버섯(굽은외대버섯)과 혼돈
하기 쉬우므로 주의를 요한다.

[이용방안]
식용버섯
외대덧버섯의 쓴맛을 약하게 하기 위해서는 끓여서 물을
버리고 사용하거나, 고열로 굽거나 소테(고기,야채등을 버
터나 기름으로 지진 서양요리)를 하면 좋다.

072 은빛쓴맛그물버섯

Tylopilus eximius (Peck) Singer

[분류]
그물버섯목 그물버섯과 쓴맛그물버섯속

[발생시기 및 장소]
여름부터 가을에 걸쳐 삼림내에 홀로 또는 흩어져 발생한다.

[특징]
자실체형태는 반구형에서 편평형으로 전개한다. 크기는 직경 5~12cm이고, 조직은 백색에서 회색을 거쳐 담홍색으로 변한다. 표면은 습하면 점성을 띠고, 짙은 갈색~암적갈색이며 평활하다. 관공은 떨어진형이고, 암자갈색, 구멍은 아주 작고 관공보다 짙은 암색이다. 대의 길이 4~10cm 이고 회색에서 흑색으로 되며 처음에는 백색꽃잎무늬로 덮여 있다가 퇴색하여 흑색이 된다. 포자는 타원형~방추형이고, 표면은 평활이다.

[이용방안]
식용버섯

073

잎새버섯

Grifola frondosa (Dicks.:Fr.)S.F.Gray

[분류]
민주름버섯목 구멍장이버섯과 잎새버섯속

[발생시기 및 장소]
9월하순에서 10월 하순까지 참나무류의 큰나무의 뿌리근 처에 발생한다. 온대이북에 분포한다.

[특징]
자실체형태는 폭 2~5cm로 부채나 주걱형의 갓이 다수 중 첩되어 집단상으로 되어 약 30cm의 대주가 된다. 종단하 면 내부는 뿌리근처에 큰 대에서 가지가 나누어져 작은 가 지의 끝에 갓이 붙어 있는게 보인다. 갓의 표면은 쥐색 이 거나 흑갈색이고 하면의 관공은 백색이다. 조직은 백색으 로 부드럽고 씹는 맛이 좋다.

[이용방안]
식용버섯
자연산은 크고 향이 좋으며, 재배품에 비해 맛과 씹는 맛이 아주 좋다.

자주국수버섯

Clavaria purpurea O. F. Mull.

[분류]
주름버섯목 국수버섯과 국수버섯속

[발생시기 및 장소]
여름부터 가을에 걸쳐 삼림내에 다발 또는 무리지어 발생한다.

[특징]
자실체형태는 편평한 막대모양이고 가끔 세로로 달리는 얕은 골이 있다. 크기는 높이 3~13cm이고 굵기는 1.5~5mm이다. 조직은 백색~담자색이고, 부서지기 쉽다. 표면은 담자~회자색인데 아름다우나 오래되면 다색을 나타내고 아래는 백색이 된다. 포자는 타원형이고, 표면은 평활하다.

[이용방안]
식용버섯

075 자주방망이버섯아재비

Lepista sordida (Schum.ex Fr.)Sing

[분류]
주름버섯목 송이과 자주방망이버섯속

[발생시기 및 장소]
여름부터 가을에 걸쳐 밭, 잔디, 도로변, 대나무밭 등지에 군생한다. 골프장등 잔디에 균륜을 형성하며, 잔디를 마르게 하여 유해균으로 여기기도 한다.

[특징]
자실체형태는 반반구형에서 중앙오목편평형으로 전개한다. 초기는 갓 끝이 안으로 말린다. 크기는 직경 4~8cm이고, 조직은 담자색으로 치밀하다. 표면은 전체가 담자색~담자갈색이지만, 점차 퇴색하여 황색~회갈색으로 바랜다. 주름살은 완전붙은형, 끝붙은형, 내린 형, 홈 생긴형 등 개체간 차가 많다. 대의 크기는 3~8cm×0.5~1cm이고 섬유상이고 속은차있다. 기부는 흰균사로 덮여있다. 포자는 타원형이며 표면은 미세한 돌기가 분포한다.

[이용방안]
식용버섯
반드시 익혀 먹어야 하며 삶은 물은 버리고 요리한다. 인가 근처에서도 다량 채집되며 맛도 좋다. 민자주방망이버섯에 비해 모양은 나쁘지만 맛은 오히려 좋다. 육질은 섬유질로 씹는 맛이 좋고 잡내도 없다.

자주싸리국수버섯

Clavaria zollingerii Lev. emend. v. Over

[분류]
민주름버섯목 국수버섯과 국수버섯속

[발생시기 및 장소]
여름부터 가을에 걸쳐 산림내 지상에 드물게 발생한다. 북반구 온대에 발생한다.

[특징]
자실체형태는 높이는 2~5cm, 나비는 1.5~7.5cm이다. 자실체는 산호형으로 비교적 작으며 1개의 대에서 위로 자라며 분지가 일어 나고, 표면은 평활하거나 다소 미분질이 산재해 있다. 옅은 자색, 짙은 보라색 또는 분홍 보라색을 띠며, 종종 분지끝이 흰색을 띤다. 조직은 옅은 보라색이나 후에 퇴색되며 잘 부서진다. 가지나 자루의 속은 차 있고 육질이다. 포자는 넓은 타원형이고 밋밋하며, 포자무늬는 백색이다.

[이용방안]
식용버섯

Laccaria amethystina (Bull.) Mure

[분류]
주름버섯목 송이과 졸각버섯속

[발생시기 및 장소]
여름부터 가을에 걸쳐 숲속에서 군생하며 북반구에 분포한다.

[특징]
자실체형태는 반구형에서 중앙부가 배꼽모양으로 움패져서 오목편평형으로 전개한다. 크기는 직경 1.5~3cm이고, 표면은 전체가 자색이다. 주름살은 끝붙은형, 두텁고 성글며, 주름은 짙은 자색을 띠지만 건조하면 주름 이외는 색이 바래서 담황갈색~담회갈색으로 변한다. 대의 크기는 3~7×0.2~0.5cm이고 섬유상이다. 자주색이고 미세한 세로줄무늬가 있다. 포자는구형으로 밤송이상의 침상 돌기가 빽빽하다.

[이용방안]
식용버섯
풍미가 있고 씹는 맛이 좋다. 지방질이 많으므로 철판구이, 전골, 버터구이, 스프등으로 요리해 먹으면 좋다.

Lactarius violascens (J. Otto) Fr.

[분류]
무당버섯목 무당버섯과 젖버섯속

[발생시기 및 장소]
여름부터 가을에 걸쳐 삼림내에 홀로 또는 무리지어 발생
한다.

[특징]
자실체형태는 중앙오목반구형에서 깔때기모양으로 전개한
다. 크기는 직경 5~10cm이고, 조직은 백색이고, 유액은
공기와 닿아 자색으로 변한다. 표면은 자갈색~회갈색, 습
하면 점성이 있고, 짙은 고리무늬가 있다. 주름살은 끝붙은
내린형이며, 빽빽하고, 백색~황백색 후에 황갈색, 상처가
나면 자색 얼룩이 생긴다. 대의 길이 4~7cm로 크림백색
이고 속은 비게 된다. 포자는 유구형이고, 표면은 돌기가
있는 불완전한 망목상 구조물들이 분포한다.

[이용방안]
식용버섯

079 젖버섯

Lactarius volemus (Fr.)Fr. 〔*Weeping milk cap*〕

[분류]
주름버섯목 무당버섯과 젖버섯속

[발생시기 및 장소]
여름과 가을에 활엽수림에 단생, 군생한다.

[특징]
자실체형태는 중앙오목반구형에서 깔때기모양으로 전개한
다. 크기는 직경 4~18cm이고, 조직은 상처시 백색의 유액
이 다량 분비되며 매우 매운맛이 난다. 표면에 점성은 없고
주름이 있으며, 백색 후 담황색을 띠고, 가끔 황갈색 얼룩
이 생긴다. 주름살은 내린형이고, 아주 빽빽하며, 표면과
같은 색이다. 대의 길이 3~9cm로 백색이고 단단하다. 젖
은 대량이고 백색인데 변색하지 않으며 맛은 몹시 맵다. 기
부는 가늘다. 포자는 유구형이고, 표면은 미세한 돌기가 있
는 망목상 구조물들이 분포한다.

[이용방안]
식용버섯
국물맛이 일품으로 식감과 국물을 살리는 요리를 한다. 채
집은 갓이 반구형인 성균이 좋다. 노균은 유액도 적고 건어
물 냄새가 난다. 닭고기나 돼지고기와 함께 볶아서 다시 국
물을 넣어 우동국물로 사용하면 일품이다.

080 젖버섯아재비

Lactarius hatsutake Tanaka

[분류]
주름버섯목 무당버섯과 젖버섯류

[발생]
여름부터 가을에 걸쳐 침엽수에 단생 하거나 군생한다.

[특징]
자실체형태는 중앙오목형에서 약간 깔때기모양이다. 크기
는 직경 5~10cm이고, 조직은 상처시 암적색의 유액이 스
며나오고, 청록색 얼룩으로 변하며, 오래되면 전체가 변한
다. 표면은 황갈색~담황색, 짙은 고리무늬가 있고, 습하면
점성이 있다. 주름살은 끝 붙은 형에 내린 모양이고, 빽빽
하며, 붉은 포도주색을 띤다. 대의 길이 2~5cm로 속은 차
있거나 비었고 표면은 균모와 동색이다. 상처를 입으면 암
홍색의 젖이 나오며 청록색으로 변하기 때문에 자실체에
청록색의 얼룩이 생긴다. 포자는 광유구형이고, 표면은 돌
기가 있는 망목상 구조물들이 분포한다.

[이용방안]
식용버섯
육질이 딱딱하나 잘 부서져 씹는 맛은 그다지 없으나, 향과
국물이 일품으로 이를 살리는 요리가 좋다. 어떤 재료와도
잘 어울리는 버섯이다.

081

졸각버섯

Laccaria laccata (Scop.ex Fr.)Berk

[분류]
주름버섯목 송이과 졸각버섯속 Laccaria

[발생시기 및 장소]
여름부터 가을에 걸쳐 삼림내 지상에 발생한다. 전세계적
으로 분포한다.

[특징]
자실체형태는 처음에는 평반구형이나 후에 오목편평형이
된다. 크기는 1.5~3.5cm이고, 선홍색 또는 담홍갈색이며
중앙부에 작은 인피가 빽빽하게 퍼져 있다. 주름살은 끝붙
은형이고 성기고 담홍색이다. 대는 3~5cm로 갓과 같은색
이다. 포자는 7.5~9㎛로 구형으로 표면에 침상돌기가 빽빽
하다. 포자문은 백색이다

[이용방안]
식용버섯
육질은 쫄깃쫄깃하고, 찌게나 볶음에 좋다.

좀나무싸리버섯

Clavicorona pyxidata (Pers.) Doty

[분류]
무당버섯목 솔방울털버섯과 나무싸리버섯속

[발생시기 및 장소]
여름부터 가을에 걸쳐 삼림내에 홀로 또는 무리지어 발생한다.

[특징]
자실체형태는 산호형이며, 나뭇가지 모양으로 분지한다. 가지 끝은 잔 모양이고, 1마디에서 3~6가지를 내며, 계속 반복한다. 크기는 높이 4~15cm이고, 조직은 백색으로 부드러운 육질이다. 표면은 처음 담황갈색, 자라면서, 또 접촉하면 적갈색으로 변한다. 자실층은 나무가지같은 자실체 표면 전체에 자실층이 분포한다. 포자는 타원형이고, 표면은 평활하다.

[이용방안]
식용버섯

Lycoperdon pyriforme Schaeff.

[분류]
주름버섯목 주름버섯과 말불버섯속

[발생시기 및 장소]
여름부터 가을에 걸쳐 삼림내에 무리지어 발생한다.

[특징]
자실체형태는 서양배 모양이다. 크기는 2~5×1.5~3cm이고, 표면은 백색~황갈색이고 분말상~비듬상으로 되었다가 벗겨져 탈락되며, 성숙하면 갈변하며, 광택이 있는 지질(紙質)의 내피를 남기고, 구멍(頂孔)을 열리고 측면을 누르면 암갈색의 포자가 분출하다. 포자는 구형이며, 표면은 평활하다.

[이용방안]
식용버섯
유균일때만 식용가능한다.

084

좀목이

Exidia glandulosa (Bull.) Fr.

[분류]
목이목 목이과 좀목이속

[발생시기 및 장소]
봄부터 가을에 걸쳐 삼림내에 중첩되게(重生) 무리지어 발생 한다.

[특징]
자실체형태는 작은 구형으로 군생하지만, 서로 융합을 계속하여 부정형으로 확대하고, 수분을 흡수하면 두께 0.5~2cm, 직경 15cm 이상으로 자람. 뇌 모양의 주름이 생긴다. 건조하면 흑색, 연골질로서 얇은 막상으로 변한다. 크기는 두께 0.5~2cm, 직경 15cm 이상으로 자란다. 조직은 연한 젤라틴질이다. 표면은 회갈색~흑갈색~흑색을 띤다. 전 표면이 자실층이고, 유두상 돌기가 있고, 청흑색을 띤다. 포자는 콩팥형이고, 표면은 평활하다.

[이용방안]
식용버섯

주발버섯

Peziza vesiculosa Bull

[분류]
주름버섯목 주발버섯과 주발버섯속

[발생시기 및 장소]
봄부터 여름에 걸쳐 부식이 잘 된 숲속, 밭의 땅위에 단생
또는 군생한다. 전세계에 분포한다.

[특징]
자실체형태는 주발형이다. 크기는 지름 3~10cm이고, 표
면은 담갈색이고, 백색 인분이 있어 백색을 띤다. 자실층은
담갈색이다. 포자는 타원형이고, 표면은 평활하다. 크기는
20~24×11~14㎛이다.

[이용방안]
식용버섯
산채와 같이 튀겨 먹으면 계절의 풍미를 맛볼 수 있다.

086

참버섯

Panus rudis Fr.

[분류]
주름버섯목 느타리과 참버섯속

[발생시기 및 장소]
초여름부터 가을에 걸쳐 각종 활엽수에 고목에 중생하며
전세계에 분포한다.

[특징]
자실체형태는 변형된 깔 때기형 혹은 부채형이며, 담황갈
색 또는 담자갈색으로 표면에 거친털이 빽빽하다. 크기는
지름 2~5cm이고, 주름살은 내린형이고 약간 빽빽하고 담
황갈색을 띤다. 대는 5~20cm로 중심생 또는 편심생으로
짧고 표면은 거친 털로 덮여 있다. 포자는 4.5~5.5.×
2~2.5㎛이고 타원형이다. 포자문은 백색이다.

[이용방안]
식용버섯
유균일때는 식용이 가능하나 성숙하면 가죽질로 질겨서 식
용이 부적당하다.

청머루무당버섯

Russula cyanoxantha (Schaeff.) Fr.

[분류]
무당버섯목 무당버섯과 무당버섯속

[발생시기 및 장소]
여름부터 가을에 걸쳐 삼림내에 흩어져 나거나 무리지어
발생한다.

[특징]
자실체형태는 반구형에서 중앙오목편평형~깔때기형으로
전개한다. 크기는 직경 6~10cm이고, 조직은 부드럽고 부
서지기 쉽다. 표면은 평활하고, 점성이 있고, 자색, 담홍색,
청색, 녹색, 황녹색 등 변화가 아주 많고, 동심원상으로 색
의 옅고 짙음이 나타난다. 주름살은 약간 내린형이고, 약간
빽빽하고, 백색이다. 대의 길이 4~5cm 이고 백색이다. 포
자는 유구형이고, 표면은 돌기가 있는 망목상 구조물들이
분포한다.

[이용방안]
식용버섯

088

치마버섯

Schizophyllum commune Fr.ex Fr.

[분류]
주름버섯목 치마버섯과 치마버섯속

[발생시기 및 장소]
봄부터 가을에 걸쳐 활엽수나 침엽수의 고목등에 속생하는
목재백색부후균이다.

[특징]
자실체형태는 부채모양 또는 원형이고, 때로는 손바닥모양
으로 갈라진다. 가장자리를 종으로 찢으면 2매씩 중첩된 것
처럼 보인다. 크기는 직경 1~3cm이고, 조직이 가죽질이
고, 건조하거나 젖으면 수축한다. 표면은 거친 털이 빽빽하
며, 백색~회색 또는 회갈색이다. 주름살은 백색~회색 또는
약간 자색을 띤다. 포자는 원통형이고, 표면은 평활하다.

[이용방안]
약용버섯
약용으로 사용되며, 항암성분이 있다. 중국이나 동남아시
아, 중동에서는 국물내는데 사용한다.
일본에서는 치마버섯의 균사체(1핵균사체 또는 2핵균사체)
가 알레르기성 기관지진폐증을 일으킨 건이 다수 보고되어
있으므로 식용할때는 유의하여야 한다.

089

큰마개버섯

Gomphidius roseus (Fr.) Fr.

[분류]
그물버섯목 못버섯과 마개버섯속

[발생시기 및 장소]
가을에 삼림내나 수풀속에 홀로 또는 무리지어 발생한다.

[특징]
자실체형태는 반구형에서 거의 편평하게 전개한다. 크기는
직경 4~6cm이고, 조직은 흰색으로 부서지기 쉽다. 표면은
점성이 강하고, 담홍색. 오래되면 흑색 얼룩이 생긴다. 주
름살은 내린형, 약간 성글고, 백색 후 흑녹색(黑綠色)으로
변한다. 대의 길이 3~6cm 이고 위로 솜털상의 불완전한
턱받이가 있다. 위는 백색이고 아래는 담홍~담홍갈색이다.
기부는 가늘다. 포자는 타원형~방추형이고, 표면은 평활하
다.

[이용방안]
식용버섯

큰비단그물버섯

Suillus grevillei (Klotzsch) Sing

[분류]
주름버섯목 그물버섯과 비단그물버섯속

[발생시기 및 장소]
여름부터 가을에 걸쳐 낙엽송림내에서 군생한다.

[특징]
자실체형태는 반구형에서 편평하게 전개한다. 크기는 직경
4~15cm이고, 조직은 상처시 옅은 갈색으로 변한다. 표면
은 황금색~암적갈색이고 점액이 두껍게 덮여 있다. 관공은
완전붙은형~약간 내린형, 황색 후에 갈색으로 되며, 구멍
은 작고 다각형이다. 대의 길이 4~12cm 이고 큰 턱받이가
있고 위에는 가는 그물눈, 아래에는 파편적 그물눈무늬가
있다. 포자는 장방추형이고, 표면은 평활하다.

[이용방안]
식용버섯
맛도 좋고 수확량이 많아 널리알려진 버섯이다. 지방이나
담백한 요리 어디에도 잘 어울린다. 과식하면 소화불량을
일으킨다. 갓이 피지 않은 것은 끓여 물은 버리고 요리하
고, 갓이 핀 것은 끓이면 형태가 붕괴되거나 약해져서 먹기
가 안좋다.

091 털목이

Auricularia polytricha (Mont) Sacc.

[분류]
목이목 목이과 목이속

[발생시기 및 장소]
봄부터 가을까지 활엽수의 죽은 가지에 군생하는 목재부후
균이다. 한국, 일본, 아시아, 남북아메리카등에 분포한다.

[특징]
자실체형태는 종형, 잔형, 귀형 등 여러가지 모양을 나타내
며, 젤라틴질이고, 건조하면 크게 수축한다. 크기는 직경
4~8cm이고 조직은 젤라틴질로 부드럽고 쫄깃쫄깃하다.
갓 윗면은 회백색이며, 짧은 털이 빽빽이 덮여 있다. 아래
의 자실층은 평활하며, 갈색 또는 자갈색이다. 포자는 콩팥
형이고, 표면은 평활하다.

[이용방안]
식용버섯

Suillus placidus (Bonord.) Singer

[분류]
그물버섯목 비단그물버섯과 비단그물버섯속

[발생시기 및 장소]
여름부터 가을에 걸쳐 삼림내에 흩어져 나거나 무리지어
발생한다.

[특징]
자실체형태는 반구형에서 편평하게 전개한다. 크기는 직경
3~10cm이고, 조직은 상처시 갈색으로 변한다. 표면은 평
활하고, 점성이 있으며, 처음에는 백색에서 황색~황갈색으
로 변한다. 관공은 완전붙은형에 약간 내린모습이고, 처음
백색에서 담황색으로 변함. 구멍은 작고 가끔 담홍색의 점
액을 분비한다. 대의 길이 4~12cm 이고 아래가 가늘고 백
색에서 황색으로 된다. 포자는 타원형이고, 표면은 평활하
다.

[이용방안]
식용버섯

혓바늘목이

Pseudohydnum gelatinosum (Scop.:Fr.) Karst.

[분류]
흰목이목 좀목이과 혓바늘목이속

[발생시기 및 장소]
봄부터 가을에 걸쳐 침엽수의 고목 그루터기에 군생한다.
한국, 일본, 북아메리카에 분포한다.

[특징]
자실체형태는 반원형~주걱상~부채꼴등 모양이 다양하다.
크기는 4cm×1.5cm이고, 표면은 젤라틴질이고 위에 담갈
색~갈색~흑색으로 여러가지이며 가는 털의 돌기가 있으며
불염성이다. 자실층은 아랫면은 백색~황백색이고 긴 원추
상의 다수의 침구조가 밀집하고 침의 전면에 자실층을 만
든다. 대는 없거나 짧은 자루를 측면에 가진다. 포자는 구
형~유구형이며 4.5~8.5×4.5~7㎛이고 반복 발아한다.

[이용방안]
식용버섯
이 버섯만의 독특한 식감이 있다.

094 황금나팔꾀꼬리버섯

Cantharellus luteocomus Bigelow

[분류]
민주름목 꾀꼬리버섯과 꾀꼬리버섯속

[발생시기 및 장소]
가을에 소나무숲에 때로 균륜을 그리며 발생한다. 한국,일본, 북아메리카 동부에 분포한다.

[특징]
자실체형태는 반구형에서 후에 깔때기모양이 된다. 표면은 평활하고, 둘레는 파도형이다. 크기는 직경 1~3cm이고, 조직은 부드럽고 부서지기 쉽다. 갓 표면에 점성은 없고 껄끄러우며 전체가 옅은 홍색~연분홍색인 가냘픈 버섯이며 때로는 갓과 자루가 담황색~백색인 것도 있다. 자실층은 주름상이고 평활하다. 대는 담황~백색이고 속은 비었다. 포자는 광타원형이고, 표면은 평활하다.

[이용방안]
식용버섯
말린버섯은 버터냄새가 난다. 프랑스요리에 주로 쓰이며, 조림요리에 잘 어울린다.

095 황소비단그물버섯

Suilus bovinus (L. ex Fr.)O.Kuntze

[분류]
주름버섯목 그물버섯과 비단그물버섯속

[발생시기 및 장소]
여름부터 가을에 걸쳐 침엽수림에서 군생한다.

[특징]
자실체형태는 반구형에서 편평하게 전개한다. 크기는 직경 3~11cm이고, 조직은 상처에도 변색하지 않는다. 표면은 적갈색~황갈색이고, 강한 점성이 있다. 관공은 약간 내린 형이고 녹황색, 구멍은 다각형이고 크기가 다르며, 방사상으로 배열한다. 대의 길이 3~6cm 이고 색은 균모보다 연하다. 포자는 타원형이고, 표면은 평활하다.

[이용방안]
식용버섯
황소비단 그물은 데쳤을 때 갓표면의 색이 황갈색에서 적자색으로 변하므로 쉽게 구분할 수 있다. 씹는 맛도 좋고 미끈한 맛이 일품이다. 만개했거나 노균인 경우 과식하지 않는 것이 좋다. 초저림을 하면 반년이상 저장이 가능하다.

096

회색깔때기버섯

Clitocybe nebularis (Batsch) P. Kumm.

[분류]
주름버섯목 송이과 깔때기버섯속

[발생시기 및 장소]
가을부터 초겨울에 걸쳐 산림내에 다수 군생한다.

[특징]
자실체형태는 반반구형에서 편평해지고, 깔때기모양으로 전개한다. 크기는 직경 6~15cm이고, 조직이 백색으로 단단하며 향기가 좋다. 표면은 평활하고, 회갈색이며, 조직은 백색이며 치밀하다. 주름살은 내린형이고, 백색 후 녹색으로 되며 빽빽하다. 대의 길이 6~8×0.8~2.2cm이고 아래가 굵고 표면은 백색~담회색이다. 포자는 타원형이며 표면은 평활하다.

[이용방안]
식용버섯
체질에 따라 중독된다. 다소 불쾌한 냄새가 있는 것도 있다. 완전히 익혀 먹지 않으면 중독된다.

흰굴뚝버섯

Boletopsis leucomelas (Pers.: Fr.) Fayod

[분류]
민주름목 사마귀버섯과 굴뚝버섯속

[발생시기 및 장소]
가을에 소나무, 전나무 등의 지상에 발생한다.

[특징]
자실체형태는 둥근산모양에서 편평하게 된다. 크기는 5~15cm이고, 조직은 백색이나 상처를 받으면 적자색으로 되고 쓴맛이 있다. 표면은 회백색에서 회색을 거쳐 흑색으로 된다. 관은 무수히 있으며 구멍은 커지면 원형이 변하고 깊이 1~2mm이고 백색에서 회색으로 된다. 대의 길이 2~10cm 이고 원주상이며 단단하고 속은 차 있으며 균모와 같은 색이다. 포자는 유구형이며 지름 4.5~6㎛이고 사마귀가 있다.

[이용방안]
식용버섯
구워서 간장에 찍어 먹던지, 초간장절임으로 하면 적당한 쓴 맛이 별미이다.

Camarophyllus virgineus (Wulf.:Fr.) Kummer

[분류]
주름버섯목 벚꽃버섯과 흰색처녀버섯속

[발생시기 및 장소]
가을에 낙엽송, 활엽수림, 초지에 군생한다. 거의 전세계에 분포한다.

[특징]
자실체형태는 반구형에서 중앙이 볼록하지만 후에 거의 편평하게 전개한다. 크기는 직경 2~5cm이고, 조직은 얇고 백색이다. 표면은 매끄럽고 전체가 거의 백색이다. 주름살은 긴내린형, 성글며, 가로로 연락맥이 있다. 대의 크기는 3~4×0.3~0.7cm이고 아래쪽으로 가늘다. 기부는 가늘다. 포자는 타원형으로 표면은 평활하다.

[이용방안]
식용버섯
작은 버섯이나 담백하고 냄새가 없어 폭넓게 이용된다. 삶아서 국물, 무침이나 초간장에 찍어먹으면 좋다.

Leucopaxillus giganteus (Sow.ex Fr.) Sing

[분류]
주름버섯목 송이과 흰우단버섯속

[발생시기 및 장소]
여름부터 가을에 걸쳐 삼림, 대밭, 공원등지에서 단생 또는
군생한다. 북반구 온대이북에 분포한다.

[특징]
자실체형태는 반반구형에서 얕은 깔때기형으로 전개한다.
갓 끝이 안으로 말린다. 크기는 직경 7~25cm로 대형버섯
이다. 조직은 백색이며, 치밀하다. 표면은 백색~크림색, 평
활하고, 비단광택이 있고, 미세한 거스러미가 있다. 주름살
은 내린형이고, 빽빽하고 담황색이다. 대의 크기는 5~12×
1.5~6.5cm이고 속은차 있고 균모와 같은 색깔이다. 포자
는 타원형이며 표면은 평활하다.

[이용방안]
식용버섯
신선한 상태의 버섯은 광택이 있는 백색의 아름다운 자태
에 맛도 일품이다. 생육이 빠르므로 채취시기를 놓치지 않
도록 유의한다. 강한 밀가루 냄새가 나며 그 냄새가 싫으면
삶아 물은 버리고 요리하면 된다.

Lyophyllum connatum (Schum.:Fr.) Sing.

[분류]
주름버섯목 송이과 만가닥버섯속

[발생시기 및 장소]
가을에 활엽수림, 초지등에 군생 또는 단생한다. 북반구온
대에 분포한다.

[특징]
자실체형태는 반구형에서 편평형이 된다. 갓주변에 파도형
의 굴곡이 있다. 표면은 백색이나 노균이 되면 회색을 띤
다. 주름살은 완전붙은형 또는 다소 내린형이고 빽빽하다.
백색 혹은 담크림색이다. 대는 백색으로 가늘고 길다. 수본
이 상호 결합하여 주상이 된다. 포자는 6~7×3.5~4㎛이
다.

[이용방안]
식용버섯
생육질은 부스러지기 쉬우며 다소 냄새가 난다. 외관이 비
슷한 백색의 깔때기버섯속의 독버섯이 있으므로 주의한다.

흰주름젖버섯

Lactarius hygrophoroides Berk. et Curt

[분류]
주름버섯목 무당버섯과 젖버섯속

[발생시기 및 장소]
여름부터 가을에 걸쳐 활엽수림.잡목림내 지상에 산생하며
북반구일대에 분포한다.

[특징]
갓은 지름 2.5~10cm로 처음에는 평반구형이나 차차 오목
편평형이 된다. 갓표면은 평활하거나 주름상이며, 황색 또
는 황갈색이며 조직은 백색이다. 주름살은 완전붙은형 혹
은 내린형이고 색깔은 백색 또는 담황색이고, 성기고, 상처
시 백색유액이 분비되며 변색되지 않는다. 대는 위아래 굵
기가 같고 속은 해면상이고 표면은 갓과 같은색이다. 포자
는 7~10×6~7㎛로 유구형이며 표면은 작은 날개상의 돌
기가 있다. 포자문은 백색이다.

[이용방안]
식용버섯

독버섯에 대한 잘못된 상식

독버섯에 의한 중독사고가 자주 발생하는 이유는 야생버섯에 대한 정확한 편별지식이 없기 대문이다. 식용버섯과 독버섯은 구분하는 방법이 따로 있는게 아니다. 우리가 흔히 잘못알고 있는 독버섯은 색깔이 화려하다든가 벌레가 먹지 않는다든가 아무리 맹독성의 버섯이라도 해도 들기름을 넣고 요리를 한다든가 가지를 넣고 요리를 하면 독성분이 없어진다고 생각하는 그런 잘못된 인식을 버려야만 독버섯에 의한 중독 사고를 줄 일 수 있다.

▶ 잘못된 식용버섯과 독버섯 구별방법

(아래 내용은 전혀 근거가 없는 속설이므로 절대로 따라해서는 안된다.)

식용버섯	독버섯
색깔이 화려하지 않고 원색이 아닌것	색갈이 화려하거나 원색인 것
세로로 잘 찢어지는것	세로로 잘 찢어지지 않은 것
곤충이나 벌레가 먹은 것	곤충이나 벌레가 먹지 않은 것
은수저를 넣었을 때 색이 변하지 않는 것	은수저를 넣었을때 색이 변하는 것
버섯에서 유액이 나오는 것	버섯에서 유액이 나오지 않는것
가지 또는 들기름을 넣고 요리를 하면 독버섯도 먹을 수 있다	

〈고전속에 나오는 버섯〉

우리 고유의 버섯이름이 예전부터 있었으리라 생각되나, 우리가 한자를 써 왔기 때문에 기록상에는 중국의 이름을 그대로 차용하여 사용하였다.

우리나라의 버섯의 최초기록은 삼국사기에 나온다.

'신라 33대 성덕왕 3년(서기704년), 봄 정월, 웅천주(공주)에서 금지(金芝)를 진상하였다. 성덕왕 7년(서기708년) 봄 정월, 사벌주(상주)에서 서지(瑞芝)를 진상하였다.'는 최초기록이 있고 그뒤에도 계속하여 기록이 있다.

『고려사』에는 '금강산 석이(石茸)'가 진상품으로 올라온 기록이 있고, 태조 원년에 '한 대에 아홉줄기가 달린 중에 세 개는 빼어났다는 서지(瑞芝)'에 대한 기록이 있다. 충숙왕4년 영지(靈芝)에 대한 기록이 있으며, 충렬왕때 채균(菜菌), 예종때 지초(芝草)에 관한 기록이 있다. 또한 '학이 버섯밭(지전(芝田))에서 놀았다'는 기록이 있다.

『조선왕조실록』에는 진상품이나 토산품으로 많은 버섯이 기록되어 있다. 일반적인 버섯으로는 균(菌), 이(茸). 건균(마른 버섯), 독균(독버섯), 표고(일반 버섯), 그리고 황백심, 황심등이 기록되어 있다. 송이는 송균(松菌), 송심, 생송균(生松茸), 건송균(마른 송이), 엄송이(절인 송이), 염수팽숙송이(소금으로 끓여 절인송이), 맥송심(보리가 나오는 여름에 나는 송이로 Tricholoma bakamatsutake 로 추정된다.》가 기록되어 있다.

석이는 석균(石菌), 석이균(石耳菌)으로, 복령은 령, 복령, 백복령,

적복령, 복신(茯神)으로, 영지는 영지(靈芝), 영지초(靈芝草), 지초(芝草))로 기록 되어 있다. 진이(眞茸 : 느타리 혹은 참부채버섯이라하는데 정확한 이름은 알 수 없음), 오족이(싸리버섯), 뇌설(대뿌리에서 나는 버섯 종류의 한 가지. 겉은 검고 속은 희며, 모양은 밤 모양과 비슷함), 잡목이(나무에 나는 버섯을 총칭한다), 목이, 수계(큰 목이버섯 종류. 맛이 닭고기와 같다하여 붙여진 이름) 등 생소한 아름을 가진 버섯들이 나타난다.

『조선왕조실록』 세종실록 지리지(地里地)중에는 진이(眞茸), 석이(石茸)는 경기도, 충청도, 경상도, 전라도, 강원도, 황해도, 평안도에서 나는 것으로 보아 거의 전국적으로 생산된 것으로 볼 수 있다. 송이(松茸)는 전라도, 평안도, 경기도, 충청도, 경상도, 강원도가 기록되어 있으며 특히 경상도의 안동, 상주 지방에서 많이 났던 걸 알 수 있다. 표고는 전라도, 경상도, 제주도에서 생산되며, 특히 전라도 장흥지방 과 경상도 진주지방에서 많이 생산된다. 제주도가 표고 산지로 기록된 것이 주목할만하다.

오족이(싸리버섯)은 경기도, 충청도, 황해도, 평안도에서 생산되는데, 특히 철원지방에 많이 나는 것으로 기록되어 있다. 복령류로는 복령은 전국적으로 생산되며, 복신(茯神)도 경기도, 충청도, 경상도, 전라도, 황해도, 강원도에 , 백복령은 경기도, 충청도, 경상도, 전라도에, 적복령은 경기도, 경상도, 강원도에 나는 것으로 기록되어 있다. 영지(靈芝)인 지초(芝草)는 전국적으로 생산된것으로 보이며. 특히 철원지방에서 많이 난 것으로 기록되어 있다.